U0149626

高职高专
名校名师精品"十三五"规划教材

Mobile Internet Development in
JavaScript

JavaScript
移动开发项目教程

微课版

郑丽萍 ◉ 编著

人民邮电出版社
北京

图书在版编目（CIP）数据

JavaScript移动开发项目教程：微课版 / 郑丽萍编著. -- 北京 ：人民邮电出版社，2020.9（2022.2重印）
高职高专名校名师精品"十三五"规划教材
ISBN 978-7-115-53388-3

Ⅰ．①J… Ⅱ．①郑… Ⅲ．①JAVA语言－程序设计－高等职业教育－教材 Ⅳ．①TP312.8

中国版本图书馆CIP数据核字(2020)第014941号

内 容 提 要

本书内容丰富，实用性强，不仅涵盖 JavaScript 基本语法、DOM 编程、事件、HTML 5 相关 API 应用、本地存储、JSON 数据应用、Ajax 实现等客户端交互特效制作技术，还介绍了流行且容易学习的 MUI 技术，快速搭建移动 App 界面，由浅入深、循序渐进，逐步实现混合式移动 App 的开发。

本书每单元内容都与项目紧密结合，首先通过项目描述引入问题，然后进行知识点介绍，最后对项目任务进行解析及具体实现，有助于读者理解知识、应用知识，达到学以致用的目的。

本书可以作为普通高等职业院校各专业 JavaScript 程序设计课程的教材，也可以作为 Web 前端开发从业人员的职业培训用书及技术参考书。

◆ 编　著　郑丽萍
　　责任编辑　刘　佳
　　责任印制　王　郁　马振武
◆ 人民邮电出版社出版发行　　北京市丰台区成寿寺路 11 号
　　邮编　100164　电子邮件　315@ptpress.com.cn
　　网址　https://www.ptpress.com.cn
　　北京市艺辉印刷有限公司印刷
◆ 开本：787×1092　1/16
　　印张：16.5　　　　　　　2020 年 9 月第 1 版
　　字数：387 千字　　　　　2022 年 2 月北京第 3 次印刷

定价：52.00 元

读者服务热线：(010)81055256　印装质量热线：(010)81055316
反盗版热线：(010)81055315
广告经营许可证：京东市监广登字 20170147 号

前 言 FOREWORD

JavaScript 是目前最流行的脚本语言之一，在计算机、手机、平板电脑上浏览的所有 Web 页面以及无数基于 HTML 5 的 App，其交互逻辑都是由 JavaScript 驱动的。JavaScript 能跨平台、跨浏览器驱动 Web 页面，与用户交互。当今许多互联网企业采用 JavaScript 技术来开发自己的网站前端交互功能，原因在于 JavaScript 具有发展成熟、语法简洁、简单易学、代码可读性强等特点。

本书在编写过程中，既强调基础理论学习，又注重与实践应用相结合，本书为了让读者更快地学习 JavaScript，特别设计了适合初学者的讲解方式，用准确的语言总结概念，用直观的图示演示效果，用详细的注释解释代码。

本书以丰富的项目为载体，精心编排教学内容，设计了由易到难、层次递进的教学项目，并将实战项目（猜数字游戏、在线测试系统等）贯穿知识体系，使读者学以致用；实现技术讲解与训练合二为一，有助于"教、学、做一体化"教学模式的实施。本书内容设计框架如图 1 所示。系统全面地介绍了 JavaScript 知识，以能够创建出更富交互性、更有趣、对用户更友好的 WebApp。

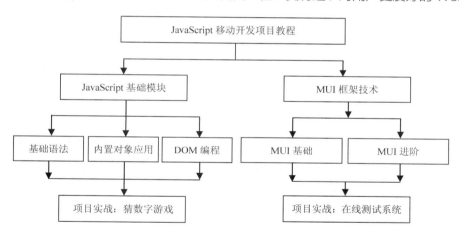

图 1　内容设计框架

本书的参考学时为 48～64 学时，建议采用理论实践一体化教学模式，各单元的参考学时如表 1 所示。

表 1　学时分配表

单元	课程内容	学时
单元 1	JavaScript 速览	4～6
单元 2	JavaScript 语言基础	6～8
单元 3	常用内置对象	6～8
单元 4	DOM 编程与本地存储	6～8

续表

单元	课程内容	学时
单元 5	MUI 移动端框架初体验	6～8
单元 6	MUI 移动端框架进阶	8～10
单元 7	在线测试系统主体功能	10～14
	课程考评	2
学时总计		48～64

　　本书包含了大量的微课视频、教学 PPT 等配套资源，方便教师教学和学生学习。

　　本书由郑丽萍编著，由汪燕、周跃担任校审，因编者水平有限，书中不妥之处在所难免，殷切希望广大读者批评指正。

编　者
2020 年 1 月

目 录 CONTENTS

单元 3

常用内置对象 …………………… 60

单元 1

JavaScript 速览

📚 项目导入

用户掌握了一定的超文本标记语言（Hyper Text Markup Language，HTML）和层叠样式表（Cascading Style Sheet，CSS）的基础知识，就能够运用 HTML 编写页面内容，通过 CSS 控制页面的外观表现，但是这样的页面与用户的操作不能形成良好的交互。使用 JavaScript 可以对用户的操作进行反馈，从而实现页面和用户的交互，即交互式页面效果。无论是在 PC 端还是在移动端看到的页面，基本都是使用 JavaScript 的交互式页面。JavaScript 是一种功能强大的编程语言，它不需要进行编译，而是直接嵌入 HTML 文档，形成支持用户交互并响应事件的交互式 Web 页面。本单元将系统认识 JavaScript，学习 JavaScript 常用的调试技巧，实现 JavaScript 常用的交互效果。

职业能力目标和要求	了解 ECMAScript 及其各版本特点。
	掌握 JavaScript 的主要特点和应用。
	能够使用 JavaScript 编辑器创建项目和新建文件。
	能够通过事件改变 JavaScript 代码的执行顺序。
	能够将 JavaScript 引入 HTML 文档。
	掌握 JavaScript 程序的调试技巧。
	能够给程序添加注释。
	能够使用常用的输出语句实现与用户的简单交流。
	能够获取元素并改变元素的内容。
	理解页面结构、表现和行为，巩固学习 HTML 和 CSS 的使用方法。

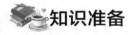 项目描述：实现名词解析

作为初学者，首先需要体验 JavaScript 的编写方法与技巧，本项目将用 JavaScript 实现文字切换效果，呈现水果名词及简要信息，如图 1-1 所示；单击图片，即显示水果名词详细信息，如图 1-2 所示。

图 1-1　单击图片前页面效果

图 1-2　单击图片后页面效果

知识准备

1.1　JavaScript 简述

JavaScript 是赋予 Web 页面活力与交互性的主要手段之一，全世界每天都有无数 Web 页面在依靠 JavaScript 完成各种关键任务。开发人员和 Web 设计师需要熟练掌握 JavaScript。

1.1.1　JavaScript 概要

使用 HTML 和 CSS，可以开发一些漂亮的静态 Web 页面，在此基础上使用 JavaScript，就可以实现 Web 页面的动态效果。JavaScript 是针对动态 Web 环境打造的，常用于给 Web 页面添加行为，实现用户与 Web 页面的交互，通过触发各种各样的事件实现实时数据展示及页面动画等效果。实际上，甚至可以将 Web 页面视为应用程序（也可以是一种体验），而不仅仅是 Web 页面。

ECMAScript 是实现 JavaScript 所依据的标准，也用来描述语言版本（如 ECMAScript 5），

是一种由欧洲计算机制造商协会（European Computer Manufactures Association，ECMA）通过的脚本程序设计标准。ECMAScript 5 与 ECMAScript 3 基本保持兼容，支持 ECMAScript 5 的浏览器包括 Opera 11.60、Internet Explorer 9（1E9）、Firefox 4、Safari 5.1 及 Chrome 13 等，因此在 PC 端开发的时候，要注意 IE 9 版本以下的浏览器兼容问题。目前，移动端基本都支持 ECMAScript 5，支持 ECMAScript 5 相关的应用程序编程接口（Application Programming Interface，API）。

JavaScript 引擎根据规则去解析 JavaScript 代码，ECMAScript 定义了这些规则，标准的 JavaScript 引擎会根据这些规则去实现目标。

在众多编程语言中优先选择 JavaScript 的另一个重要原因在于，JavaScript 得到了整个软件行业的广泛支持，例如 Google、Facebook、微软以及亚马逊等科技巨头都在使用 JavaScript。很多人都在努力改善 JavaScript 的性能和效率，开发扩展浏览器功能的 JavaScript API，JavaScript 已成为标准的 Web 脚本语言。作为一种通用的脚本语言，JavaScript 的使用范围不再局限于浏览器，还用于从图形工具到音乐应用程序等众多应用程序中，甚至用于服务器端编程。开发人员学习 JavaScript，未来很可能在除 Web 页面外的其他领域得到回报。

微课 1-1：Java Script 简介

1.1.2　JavaScript 的主要特点

JavaScript 是一种基于对象和事件驱动并具有相对安全性的客户端脚本语言，主要用于创建具有较强交互性的动态页面。其具有如下特点。

1．解释型脚本语言

JavaScript 是一种解释型脚本语言，嵌入 JavaScript 代码的 HTML 文档在载入时被浏览器逐行解释，能大量节省客户端与服务器端进行数据交互的时间。

2．基于对象的语言

JavaScript 是基于对象（Object-Based）的语言，提供了大量的内置对象，如字符串（String）对象、数字（Number）对象、布尔（Boolean）对象、数组（Array）对象、日期（Date）对象、数学（Math）对象及正则表达式（Regular Expression，RegExp）对象等。但它还具有一些面向对象（Object-Oriented）的基本特征，用户可以根据需要创建自己的对象，从而进一步扩大 JavaScript 的应用范围，编写功能强大的 Web 文档。

3．简单性

JavaScript 的基本结构类似于 C 语言的基本结构，它采用小程序段的方式编程，提供了便捷的开发流程，通过简易的开发平台就可以嵌入 HTML 文档中供浏览器解释执行。同时，JavaScript 的变量类型是弱类型，所以，JavaScript 不强制检查变量的类型，也就是可以不定义其变量的类型。

4．动态性

JavaScript 是动态的，它可以直接对用户或客户的输入做出响应，无须经过 Web 服务程序。它对用户的响应采用事件驱动的方式，所谓事件，就是指在页面中执行了某种操作所产生的动作，例如按鼠标、移动窗口、选择菜单等都可以视为事件。当事件发生后，可能会引起相应的事件响应，即事件驱动。

5．跨平台性

JavaScript 依赖浏览器，与操作系统环境无关，只要操作系统能运行浏览器，并且浏览器支持 JavaScript，操作系统就可以正确执行 JavaScript。

综上所述，JavaScript 是一种有较强生命力和发展潜力的脚本语言，它直接响应客户端事件（如验证数据表单合法性），并调用相应的处理方法，迅速返回处理结果并更新页面，实现 Web 页面的交互性和动态效果，同时将大部分工作交给客户端处理，将 Web 服务器的资源消耗降到最低。

1.1.3 JavaScript 相关应用

JavaScript 的功能十分强大，可实现多种任务。JavaScript 可用来在数据被送往服务器前对表单输入的数据进行验证，实现如执行计算、检查表单、编写游戏、添加特殊效果、自定义图形选择及创建安全密码等功能，所有这些功能都有助于增强站点的动态效果和交互性。常见的 JavaScript 应用有如下几种。

微课 1-2：
JavaScript 相关
应用

1．数据验证

使用 JavaScript，可以创建动态 HTML 页面，以便用特殊对象、文件和相关数据库来处理用户输入和维护永久性数据的情况。例如向某个网站注册时必须填写一份表单，输入各种详细信息，如果某个字段输入有误，向 Web 服务器提交表单前，经客户端验证就会发现错误，并提示警告信息，如图 1-3 所示。

2．页面特效

浏览页面时，经常会看到一些动画效果，这些动画效果使页面显得更加生动。使用 JavaScript 也可以实现这些动画效果，例如，图 1-4 所示为用 JavaScript 实现的抽奖转盘页面效果。

图 1-3　JavaScript 数据验证

图 1-4　抽奖转盘页面效果

3. 数值计算

JavaScript 将数据类型作为对象，并提供了丰富的操作方法，使得 JavaScript 可用于数值计算。图 1-5 所示为用 JavaScript 编写的购物车结算页面效果。

4. 动态效果

JavaScript 可以对 Web 页面的所有元素对象进行访问，使用对象的方法修改其属性，实现动态效果。图 1-6 所示为用 JavaScript 实现的俄罗斯方块游戏页面效果。

图 1-5　购物车结算页面效果

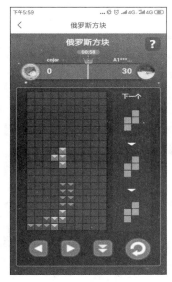

图 1-6　俄罗斯方块游戏页面效果

1.2　JavaScript 编程起步

1.2.1　选择 JavaScript 编辑器

微课 1-3：
HBuilder 的快速
开发

在编写 JavaScript 代码的过程中，一款好的编辑器能让开发人员的工作达到事半功倍的效果。目前市面上流行的 JavaScript 编辑器很多，主要有 Dreamweaver、NotePad++、HBuilder 等。本书项目使用 HBuilder 进行 JavaScript 开发。

HBuilder 是 DCloud 推出的一款支持 HTML5 的 Web 开发集成开发环境（Integrated Development Environment，IDE）。快，是 HBuilder 的最大优势。无论是输入代码的快捷设定，还是操作功能的快捷设定，HBuilder 都追求无鼠标的极速操作，融入了效率第一的设计思想，通过完整的语法提示和代码输入法、语句块等，大幅提升了 HTML、JavaScript、CSS 的开发效率。同时，它还包括了全面的语法库和浏览器兼容性数据。HBuilder 内嵌了 jQuery、Bootstrap、Angular、MUI 等常用框架的语法提示库，有无死角提示，除了提示语法，还能提示 id、class、图片、链接、字体等；边改边看模式可以让开发人员一边写代码，一边看效果。HBuilder 可良好地支持手机 App 开发，包括新建移动 App 项目、真机调试、本地及云端打包等。

在 HBuilder 官网上可以免费下载最新版的 HBuilder。HBuilder 目前有两个版本，一个是 Windows 版，另一个是 Mac 版。下载 HBuilder 的时候，可根据自己的计算机系统选择适合的版本。

启动 HBuilder，选择"文件"|"新建"|"Web 项目"命令，如图 1-7 所示，可打开"创建 Web 项目"对话框，如图 1-8 所示。在"项目名称"文本框中填写新建项目的名称，"位置"文本框中填写或选择项目保存路径，如果更改了此路径，HBuilder 就会记录，下次默认使用更改后的路径。然后选择使用的模板，通常选择默认项。

图 1-7　选择命令

图 1-8　"创建 Web 项目"对话框

选择"文件"|"新建"|"移动 App"命令，在打开的"创建移动 App"对话框中设置相关参数后，即可创建移动 App 应用，如图 1-9 所示。本书单元 5～单元 7 的项目都选择"mui 项目"选项作为模板，可以快速地布局移动页面。

选择"文件"|"新建"|"HTML 文件"命令，打开"创建文件向导"对话框，如图 1-10 所示，在"文件名"文本框中填写新建文件的名称，如"test.html"；然后选择使用的模板，如"html5"，即可创建一个新页面。

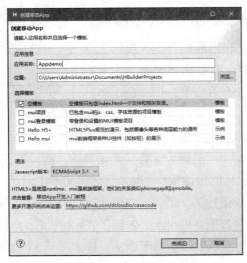

图 1-9　"创建移动 App"对话框

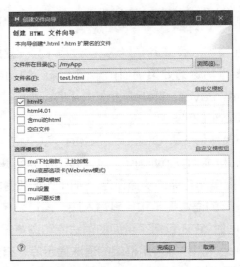

图 1-10　"创建文件向导"对话框

创建 HTML 文件时勾选"html5"复选框，创建 Web 项目时勾选"默认项目"复选框，新建的文件和新项目中自带的 index.html 文件内容如下。

```
<!DOCTYPE html>              <!--: 这是标准的 HTML5 文档类型 -->
<html>
    <head>
        <meta charset="UTF-8">   <!---8 大小写均可，表示国际通用的字符集编码格式-->
        <title></title>
    </head>
    <body>
    </body>
</html>
```

DOCTYPE 是 Document Type（文档类型）的简写。!DOCTYPE 是一个文档类型标记，是一种标准通用标记语言的文档类型声明，<!DOCTYPE>声明位于文档中最前面的位置，处于<html>标签之前。<!DOCTYPE>声明是用来告知 Web 页面使用了哪种 HTML 版本。对于中文 Web 页面，需要使用<meta charset=" UTF-8">声明编码，否则会出现乱码。

当前光标处于 <title> 标签内，添加" title:HelloHBuilder"，完成后将光标移动到<body></body>标签对中，在此处使用"s"快捷键打开下拉列表，选择"script"便可生成一个 script 块来编写 JavaScript 代码或者使用快捷键方式，即输入"s"后按"Enter"键即可，如图 1-11 所示，也可以向下移动选择第三个命令（script src）实现外链 JavaScript 文件。

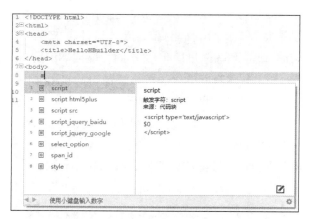

图 1-11   使用快捷键生成 script 块

1.2.2   引入 JavaScript

将 JavaScript 引入 HTML 文档中常用的标准方法有两种，下面分别介绍 JavaScript 的标准引入方法。

微课 1-4：
Java Script 的
使用方法

1. 通过<script></script>标签对将 JavaScript 代码嵌入 HTML 文档来引入 JavaScript

将 JavaScript 代码包含于<script></script>标签对内，然后嵌入 HTML 文档中。

【例 1-1】\<script>\</script>标签对内引入如下代码，运行结果如图 1-12 所示。

```
<!DOCTYPE html>              <!-- 这是标准的 HTML5 文档类型-->
<html>
    <head>
        <meta charset="UTF-8">      <!--UTF-8 表示国际通用的字符集编码格式-->
        <title> Sample Page!</title>
        </head>
    <body>
        <script type="text/javascript">
            alert ("Hello World!");
        </script>
    </body>
</html>
```

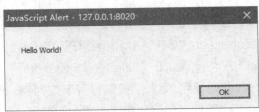

图 1-12 【例 1-1】运行结果

【例 1-1】的代码中除了\<script>\</script>标签对之间的内容外，都是最基本的 HTML 代码，\<script>\</script>标签对将 JavaScript 代码封装并嵌入 HTML 文档中。

浏览器载入嵌有 JavaScript 代码的 HTML 文档时，能自动识别 JavaScript 代码起始标签\<script>和结束标签\</script>，并将其间的代码按照解释 JavaScript 代码的方法加以解释，然后将解释结果返回 HTML 文档，并在浏览器窗口显示。

注意：HTML 文件中的 JavaScript 代码必须位于\<script>\</script>标签对之间，否则 JavaScript 代码不能被浏览器解释执行。

2. 通过\<script>标签的 src 属性链接外部的 JavaScript 文件

【例 1-2】src 属性链接外部的 JavaScript 文件，运行结果如图 1-13 所示。

图 1-13 【例 1-2】运行结果

创建 JavaScript 文件，命名为"myjs.js"如图 1-14 所示。

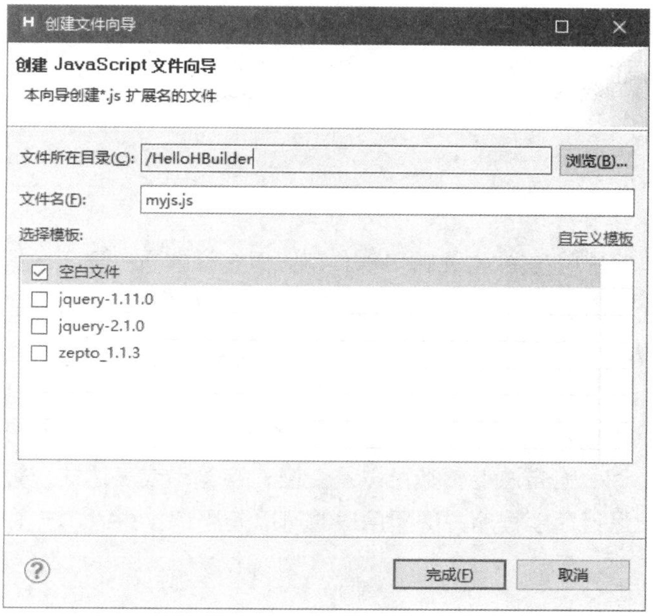

图 1-14　创建 JavaScript 文件

编辑如下代码并将其保存。

```
alert ("Hello World!");
```

创建 HTML 文档，示例代码如下。

```
<!DOCTYPE html>
<html>
  <head>
    <meta charset="UTF-8">
    <title> Sample Page!</title>
  </head>
  <body>
    <script src="js/myjs.js"></script>
  </body>
</html>
```

代码中的 src 属性用于将外部文件内容引入当前文档中，使用 JavaScript 编写的外部文件必须使用 ".js" 为扩展名。

可见通过外部引入 JavaScript 文件的方式能实现同样的功能，同时具有将程序同页面的逻辑结构分离的优点。外部引入文件，可以轻易实现多个页面共用同一功能的文件，以便通过更新一个文件内容达到批量更新的目的；浏览器可以实现对目标文件的高速缓存，避免引用同样功能的代码而导致额外下载时间的增加。

注意：一般将实现通用功能的 JavaScript 代码作为外部文件引用，实现特有功能的 JavaScript 代码直接嵌入 HTML 文档中，目前业界推荐的做法是把 JavaScript 代码放到最后，这样会避免因文档对象模型（Document Object Model，DOM）没加载而产生错误。HTML 文档和 JavaScript 代码位于不同的文件中，会使文档更清晰，更易于管理，尤其在代码量较多的时候。

1.2.3 与用户交流

JavaScript 程序与用户交流的方式有多种，可以以多样的方式显示数据，实现页面的交互性，下面分别介绍 JavaScript 程序常用的与用户交流方式。

微课 1-5：
JavaScript 常用
的输出语句

1. 使用 window.alert()方法弹出警告框向用户发出警告或提醒

window.alert()方法相当于 alert()方法，即 window 可以省略，调用 alert()方法，并指定一个包含提醒消息的字符串，便可创建一个警告框，提醒消息通过警告框传递给用户。alert()方法的参数可以是变量、字符串或表达式，警告框无返回值。当要停止运行后续程序并提醒用户时可以使用它。alert()方法的基本语法格式如下。

```
alert("提示信息");
```

示例代码如下。

```
alert("第一个段落");                //参数是字符串
var age=19;                        //保留关键字 var 用来定义变量，无论变量是什么类型都用保留关键字 var
alert("我的年龄是: " +age);        //参数是变量
window.alert(5 + 6);               //参数是表达式
```

2. 使用 document.write() 方法将内容直接写入文档

使用 document.write()方法可以向文档写入内容。参数可以是变量、字符串或表达式，写入的内容常常包括<html>标签，而本单元介绍的其他方法，如 alert()、conSole.log()等方法，其参数若使用标签只会当作字符串处理，不会解析的。

document.write()方法的基本语法格式如下。

```
document.write("输出内容");
```

示例代码如下。

```
document.write ("第一个段落");         //参数是字符串
var age=19;
document.write ("我的年龄是: " ,age);  //参数是变量，这里的"," 相当于 "+"
document.write (5 + 6);               //参数是表达式
document.write("<h1>个人信息</h1>");   //参数带有标签
```

3. 使用 console.log()方法写入控制台

将消息写入控制台日志，可使用 console.log()方法，并传入要写入的字符串。console.log()方法可视为故障排除工具，但用户通常看不到控制台日志，因此这并非与用户交流的有效方式。示例代码如下。

```
var a = 5;
```

```
var b = 6;
var c = a + b;
console.log(c);
```

如果浏览器支持调试，就可以使用 console.log() 方法在浏览器中显示 JavaScript 值。在调试窗口中切换到"Console"控制台即可看到输出结果，在 HBuilder 默认控制台里也可以显示输出结果。

4. 使用 window.confirm()方法确认用户的选择

除了向用户提供信息，有时候还希望从用户那里获得信息，这时可使用 window.confirm() 方法。window. confirm("str")等效于 confirm("str")，确认框返回值为布尔型（Boolean 型），单击"确认"按钮返回 true，单击"取消"按钮返回 false。可以根据用户对提示的反应给出相应的回复，示例代码如下。

```
if (confirm("确定开始么?")) {
        alert("您单击了确认");
}
else {
        alert("您单击了取消");
}
```

5. 使用 prompt()方法提示用户

有时候，不是仅希望用户回答 Yes 或 No，而是希望得到更确定的响应。在这种情况下，可问一个问题（带默认回答），然后接收回复。

prompt()方法用于显示提示用户进行输入的对话框，可返回用户输入的字符串，语法格式如下。

微课 1-6：
Java Script
prompt()方法

```
prompt(msg,defaultText)
```

参数 msg 可选，指定要在对话框中显示的纯文本（而不是 HTML 格式的文本），用于提示。

参数 defaultText 可选，指定默认的输入文本。

如下示例代码可以实现用"JavaScript Prompt"对话框询问用户账号，如图 1-15 所示；输入内容后界面如图 1-16 所示；单击"OK"按钮，出现图 1-17 所示的结果；如果单击"Cancel"按钮，就出现图 1-18 所示的结果。

```
<script>
  var ans = prompt("请输入您的账号?","666");
  if (ans) {
        alert("您的账号是:  " + ans);
  }
  else {
        alert("您拒绝了回答! ");
  }
</script>
```

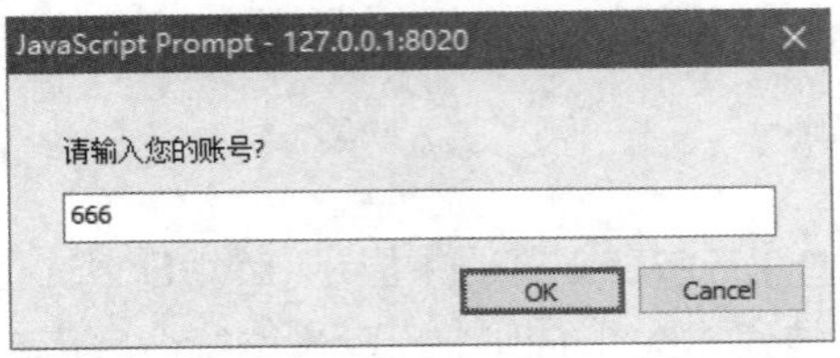

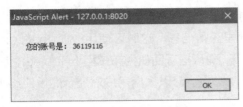

图 1-15　提示输入账号界面

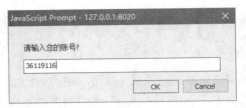

图 1-16　输入账号时界面

图 1-17　单击"OK"按钮处理结果界面

图 1-18　单击"Cancel"按钮处理结果界面

6. 直接操作文档

直接操作文档是 Web 页面和用户交互的最佳方式。使用 JavaScript 可以全面控制页面，包括获取用户输入的值、修改 HTML 或样式、更新 Web 页面的内容等。这些都是通过 DOM 操作（本书单元 4 将更详细地介绍）实现的。要使用 DOM，必须知道 Web 页面的结构，并熟悉用来读写 Web 页面的编程接口。

【例 1-3】使用 innerHTML 写入 HTML 元素，示例代码如下。

```html
<!DOCTYPE html>
<html>
    <head>
        <meta charset="UTF-8">
        <title> Sample Page!</title>
    </head>
    <body>
        <p id="demo">每一个所期待的美好未来，都必须有一个努力的现在</p>
        <script>
            document.getElementById("demo").innerHTML = "学习环境无处不在";
        </script>
    </body>
</html>
```

以上 JavaScript 代码可以在 Web 浏览器中执行，"document.getElementById("demo")"表示通过 id 属性来查找 HTML 元素的 JavaScript 代码，"innerHTML = "学习环境无处不在""用于修改 HTML 元素的内容（innerHTML）。

注意： console.log()方法和 alert()方法主要用于调试，alert()方法和 document.write()方法不好控制显示的位置，而使用 innerHTML 写入 HTML 元素可以精确控制显示的位置，所以直接操作文档的方式最为常用。原生 JavaScript 程序的 alert()方法等弹出方式在移动端显示并不美观，本书后续项目将使用 MUI 封装的警告框、确认框等来更美观、友好地实现 Web 页面与用户的交互。

1.2.4 程序的调试

在程序开发过程中，每个页面都要进行大量的调试，HBuilder 也支持调试，常用的方式有多种，如直接通过浏览器调试、通过手机运行调试、通过模拟器调试等。这里主要介绍 HBuilder 在边改边看模式下调试、使用手机真机调试和使用 Chrome 浏览器模拟移动设备调试的技巧。

1. 边改边看模式调试

边改边看模式是轻量级的界面调试方法，既方便又常用。在 HBuilder 右上角可以切换开发模式为边改边看模式，切换模式的组合键是 "Ctrl+P"。进入边改边看模式后，左侧窗格显示代码，右侧窗格显示预览效果，如图 1-19 所示。Windows 版的 HBuilder，右侧窗格显示的浏览器是 Chrome；Mac 版的 HBuilder，右侧窗格显示的浏览器是 Safari。

图 1-19　边改边看模式

在此模式下，如果当前打开的是 HTML 文件，每次保存操作后，右侧窗格就会自动刷新以显示当前页面效果（若为 JavaScript、CSS 文件，只有与当前浏览器视图打开的页面有引用关系，才会刷新）。Windows 版 HBuilder 的边改边看模式还支持代码和页面元素的互相跳转。例如右击代码里的一个<h1>元素，在弹出的快捷菜单中选择 "高亮浏览器内对应元素" 命令，就会看到右侧浏览器里指定的元素呈高亮状态，如图 1-19 所示；右击浏览器中的某个元素，在弹出的快捷菜单中选择 "查找文档中对应元素" 命令，左侧窗格就会跳转到相应代码段落。

边改边看模式有两个控制台，默认控制台显示在 HBuilder 下方，直接输出 log 和错误日志，显示代码行号，单击可直接转到该行代码，如图 1-20 所示。

另一个控制台是 Chrome 控制台。在 Windows 版 HBuilder 的边改边看模式右边的内置浏览器里单击右键，可以在弹出的快捷菜单中选择命令启动 Chrome 控制台。Chrome 控制台的功能非常多，如检查 CSS 覆盖、调试 JavaScript 程序、查看 Web 页面加载性能等。

2. 手机真机调试

HBuilder 可以实现移动 App 项目的手机真机调试，方法是将手机用 USB 数据线和计算机连接，然后在菜单栏中单击"运行"命令，页面会直接出现在手机上，如果调试页面的过程中修改了代码，保存后，页面效果在手机上面就会自动更新，反应非常快。用户可以选择同时在手机和 Chrome 浏览器中调试，相互不会造成干扰，还能同时检测兼容的问题。

图 1-20　HBuilder 默认控制台

注意： 手机用 USB 数据线和计算机连接后需要设置 USB 调试模式，以小米手机为例，需要打开"我的设备"后找到"全部参数"选项并打开，找到"MIUI 版本"选项，连续单击（7 到 8下就可以了）就会提示"开发者模式已启动"。在"设置"主界面中打开"更多设置"选项，最下面可以看到"开发者选项"列表项，打开"开发者选项"列表，勾选"USB 调试"复选框即可。

3．Chrome 浏览器模拟移动设备调试

每种手机的运行效果都用真机调试一遍，会相当费力。Chrome 浏览器提供了调整界面大小的功能。本书项目大多采用 Chrome 浏览器作为展示和调试的工具，如果代码出现错误，就通过 Chrome 浏览器找出错误的类型和位置，用 HBuilder 打开源文件（扩展名为".html"或".js"的文件），修改后保存，再重新使用浏览器浏览，重复此过程直到没有错误出现为止。

Chrome 浏览器模拟手机调试效果如图 1-21 所示。使用 Chrome 浏览器打开页面后，在右键菜单中选择"检查"命令，即可打开"开发者工具"窗口来调试页面。单击大、小两个方框的设备图标，使其呈蓝色高亮状态，就可以模拟移动端的显示效果，单击之后，可以看到类似图 1-21这样的界面。

图 1-21 最上面的一行是功能菜单，常用菜单的功能和使用方法如下。

（1）箭头图标

箭头图标用于查看鼠标指向的元素，在页面中选择一个元素后可审查和查看它的相关信息。在"Elements"选项卡下单击某个 DOM 元素时，箭头图标会变成选中状态，鼠标指针指哪里就会显示哪里的元素。

图 1-21　Chrome 浏览器模拟移动设备的调试效果

（2）设备图标

单击设备图标，使其呈蓝色高亮状态，就可以单击"切换设备模式"按钮换到不同的终端模式。如图 1-22 所示，可以在下拉列表中选择要适配的手机型号，同时可以选择不同的尺寸比例。Chrome 浏览器模拟的移动设备和真实的设备相差不大，是程序调试过程中非常好的选择。

图 1-22　选择不同的手机模式

（3）"Elements"选项卡

如图 1-21 所示，"Elements"选项卡用来查看、修改页面上的元素（包括 DOM 元素）以及样式（Styles）等。左侧显示 HTML 源码，右侧显示对应的 CSS 样式，还有相关盒模型的图形信息，用户可以手动修改、禁用一些 CSS 样式进行查看。例如，选择 img 元素，右侧的 CSS 样式会展示此元素对应的样式信息，在右侧可以进行修改，修改后页面会即时更新。灰色的 element.style 样式同样可以进行添加和书写，唯一的区别是在这里添加的样式是添加到了该元素内部，即该元素的 style 属性。"Elements"选项卡的功能很强大，修改样式是一项很重要的工作，即使再细微的差别也需要调整，但是每修改一点就编译一遍代码再刷新浏览器查看效率太低，更好的办法是在浏览器中逐步修改之后，再到代码中一次性修改对应的样式。

同时，当浏览网站看到某些特别炫酷的效果和难做的样式时，可在"Elements"选项卡中查看是这些效果和样式如何实现的，仔细钻研会有意想不到的收获。

（4）"Console"控制台

"Console"控制台用于打印和输出相关的命令信息。其实"Console"控制台的功能除了熟知的报错、输出简单变量值外，还可以输出复杂的数据内容。用户可以直接把代码写在浏览器的"Console"控制台，比如"var obj = { name : "李雷", age : 19}; keys(obj);"，使用 keys()指令可以一目了然地查看数据 obj 里面有哪些字段和属性，在浏览器的"Console"控制台输入代码后按"Enter"键，会有图 1-23 所示的输出结果，展示 obj 的 JSON 字符串格式的键名。如果 obj 是对外获取的数据，优势就会更明显。

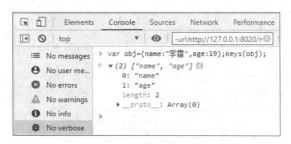

图 1-23　直接写代码

除了 console.log()指令，还有其他相关的指令，如 console.error()指令、console.warn()指令等，如图 1-24 所示。

图 1-24　其他指令示例

（5）"Sources"选项卡

在"Sources"选项卡中可以找到当前浏览器页面的 JavaScript 源文件，用户方便查看和调试，一些大站的 JavaScript 代码内容虽然相对复杂，但是可看出代码风格、命名方式等。

（6）"Network"选项卡

"Network"选项卡用于查看一些网络请求，包括名字、状态码、类型、大小、加载耗时等，如图 1-25 所示。

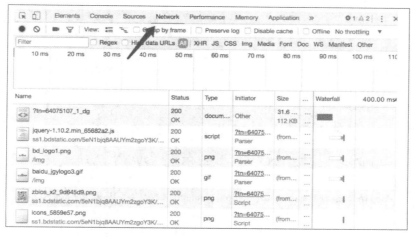

图 1-25 "Network"选项卡

1.2.5 和视口有关的<meta>标签的使用

微课 1-7：
和视口有关的
<meta>标签
的使用

视口（Viewport）是指浏览器窗口内的内容区域，不包括工具栏、标签栏等区域，也是 Web 页面实际显示的区域。视口可以通过一个名称为"viewport"的<meta>元标签来进行控制，<meta>视口标签存在的主要目的是让布局视口和理想视口的宽度匹配。<meta>视口标签应该放在 HTML 文档的<head>标签内，语法格式如下。

```
<meta name="viewport" content="name=value,name=value" />
```

其中，content 属性是一个字符串，由逗号分隔的名/值对组成，取值共有如下 5 个。

（1）width：设置布局视口的宽。

（2）initial-scale：设置页面的初始缩放程度。

（3）minimum-scale：设置页面的最小缩放程度。

（4）maximum-scale：设置页面的最大缩放程度。

（5）user-scalable：设置是否允许用户对页面进行缩放操作。

常用的<meta>标签示例如下。

```
<meta name="viewport" content="width=device-width, initial-scale=1, maximum-scale=1, user-scalable=no">
```

这里的<meta>视口标签表示让布局视口的宽度等于理想视口的宽度，强制让文档的宽度与设备的宽度比保持 1∶1，页面的初始缩放比例系数和最大缩放比例系数都为 1，且不允许用户对页面进行缩放操作。【例 1-3】在浏览器模拟移动端的效果如图 1-26 所示，增加视口标签后，在浏览器模拟移动端效果如图 1-27 所示，【例 1-3】代码修改如下，实现的效果是相同的。

```
<!DOCTYPE html>
<html>
    <head>
      <meta charset="UTF-8">
      <meta name="viewport" content="width=device-width,initial-scale=1,user-scalable=no" />
      <title> Sample Page!</title>
    </head>
    <body>
      <p id="demo">每一个所期待的美好未来，都必须有一个努力的现在</p>
      <script>
          document.getElementById("demo").innerHTML = "学习环境无处不在";
      </script>
    </body>
</html>
```

图 1-26 【例 1-3】浏览器模拟移动端的效果　　图 1-27 【例 1-3】添加视口标签后浏览器模拟移动端的效果

1.2.6　页面结构、表现和行为

HTML 用来编写 Web 页面的内容，形成页面的结构。不加任何特效的 HTML 文件就像 Word 一样，主要目的是传达文本和图像信息，这也是为什么初期的 Web 页面都用文本文档编写。

CSS 出现的目的是让 Web 页面的表现更丰富，CSS 可以对 Web 页面的内容做出一些外在的改变，例如文本颜色、背景颜色、边框效果等。

JavaScript 控制页面的行为，本质上是通过某一个节点来对 HTML 和 CSS 做出更改，最具有代表性的就是单击事件，通过单击已经绑定单击事件的按钮可以改变文档内其他元素的 HTML 和 CSS 属性。JavaScript 代码区分字母大小写，HTML 代码字母大写和小写解析效果一样。

HTML5 的新特性在项目中随处可见，毕竟移动端不会存在兼容性问题，而且这些新特性在移动端的表现效果也是非常好的，例如定位、语义化等，并可利用 Canvas 实现更多的效果等。

对于 HTML 文档，浏览器按照文档流从上到下逐步解析页面结构和信息。JavaScript 代码作为嵌入的代码也是 HTML 文档的组成部分，其在装载时的执行顺序是根据<script>标签的出现顺序来确定的。如果通过<script>标签的 src 属性导入外部 JavaScript 代码，就将按照 <script>标签出现的顺序来执行，不会因为是外部 JavaScript 代码而延期执行。

JavaScript 代码尽量放到底部，首先这与 JavaScript 代码的加载有关。JavaScript 代码不同于图片与 CSS 资源，它是采用阻塞式的加载，浏览器加载 JavaScript 代码时，其他资源都不可以并行加载。并且 JavaScript 代码的下载和执行都属于加载，只有 JavaScript 代码执行完成，其他资源才开始加载。其次，JavaScript 代码引擎线程与界面渲染线程是互斥的，JavaScript 代码解析执行过程中界面渲染会停止。

综上所述，如果 JavaScript 代码在顶部引入，当 JavaScript 代码下载与执行时，页面就会呈现加载渲染缓慢的效果。为了安全起见，一般在页面初始化完毕之后才允许 JavaScript 代码执行，JavaScript 代码放到 HTML 底部，可避免网速对 JavaScript 代码执行的影响，同时也避开了 HTML 文档流对于 JavaScript 代码执行的限制。

如果在一个页面中存在多个 window.onload 事件处理函数，就只有最后一个才是有效的，为了解决这个问题，可以把所有代码或调用函数都放在同一个 window.onload 事件处理函数中，示例代码如下。

```javascript
window.onload = function(){
    f1();
    f2();
}
```

这种方式也可以改变函数的执行顺序，方法是简单地调整 window.onload 事件处理函数中调用函数的排列顺序。

除了页面初始化事件外，还可以通过各种交互事件来改变 JavaScript 代码的执行顺序，如鼠标事件、键盘事件等，也可以使用时钟触发器。

1.2.7 注释语句

注释语句用于对程序进行注解，以便维护和查看程序。程序在执行的过程中不会执行注释语句中的内容。一般注释是给开发人员看的，JavaScript 引擎会自动忽略。虽然浏览器在执行时会忽略注释的部分，但在浏览器中查看源代码时仍然可以看到。使用注释对代码进行解释，有助于以后对代码的编辑。尤其是在编写了大量代码时更为重要。HBuilder 开启、关闭注释的组合键是"Ctrl + /"，只需选中要注释的内容后按"Ctrl + /"组合键即可。

1. JavaScript 注释语句

JavaScript 的注释语句分为单行注释语句和多行注释语句。

JavaScript 单行注释语句以"//"开始，一直到这行结束，示例代码如下。

```javascript
var tel1="0517";                    //区号
var tel2="88888888";                //电话号码
alert("电话号码是: " +tel1+tel2);    //显示电话号码
```

JavaScript 多行注释语句也称为块级注释语句，以"/*"开始，一直到"*/"结束。"/*"和

"*/" 把多行字符包裹起来，把一大"块"视为一个注释，示例代码如下。

```
/*本程序用来计算学生 JavaScript 课程的考试成绩
其中  score1 为理论成绩，score2 为实践成绩 */
var score1=88;
var score2=82;
alert("小王同学 JavaScript 课程的总成绩是： "+ (score1+ score2)); //显示学生课程的总成绩
```

注释块中不能包含"/*"或"*/"，因为这样会产生语法错误，所以推荐使用"//"进行注释。

2. HTML 注释语句

HTML 文件中，包含在"<!--"与"-->"之间的内容将会被浏览器忽略，且不会显示在用户浏览的最终界面中，示例代码如下。

```
<body>
    文档内容… <!--这是一个注释，注释在浏览器中不会显示-->
</body>
```

3. CSS 样式注释语句

CSS 的注释方法以"/*"开始，一直到"*/"结束，如<style type="text/css"> /* css 注释 */ </style>。在单独的 CSS 文件中也采用此方法注释，示例代码如下。

```
/* 创建人：李雷
* 创建时间：2019.5.8
* 作用：设置文字样式
*/
/* ----------文字样式开始---------- */
. white12px {
    color:white;      /* 白色 12 像素文字 */
    font-size:12px;
}
/* ----------文字样式结束---------- */
```

📖 项目实施

任务 1 项目分析

本项目采用 HTML+CSS 的布局方式，结合 JavaScript 方法，给 HTML 文档中的图像元素设定事件处理器，引用函数，设计完成切换文字的效果，单击图片，触发页面文字效果切换。

任务 2 创建 HTML 文件

创建 HTML 文件 fruit. html，添加元素及内容，示例代码如下。

```
<!DOCTYPE html>
<html>
    <head>
        <meta charset="UTF-8">
        <!--            为移动设备添加 viewport-->
        <meta name="viewport" content="width=device-width,initial-scale=1,user-scalable=no" />
        <title>products introduction</title>
    </head>
    <body>
        <img src="img/blm.jpg" onclick="clickMe()" />
        <h1>菠萝蜜</h1>
        <div id="demo">菠萝蜜是世界著名的热带水果,属桑科桂木属常绿乔木。</div>
    </body>
</html>
```

此时的页面效果如图 1-28 所示，可以看到文字和图片，但是页面中有大片的空白，段落前面没有空格，页面效果并不理想。

图 1-28　无样式时页面效果

任务 3　创建 CSS 文件，添加样式

创建 CSS 文件，可以命名为"style.css"，在样式表文件中给页面中的 div 元素和 img 元素分别添加样式，并设置 div 元素中的文字行高，示例代码如下。

```
div{
    font-size:18px;              /* 设置文字大小 */
    text-indent:2em;             /* 设置文字缩进 */
    line-height: 26px;           /* 设置文字行高 */
}
h1{
    text-align: center;          /* 设置文字居中 */
}
img {
    width: 100%;                 /* 设置图片显示宽度 */
}
```

在 HTML 文件的<head>标签内部的尾部添加链接 CSS 文件，示例代码如下。

```
<link rel="stylesheet" type="text/css" href="css/style.css"/>
```

此时的页面效果如图 1-1 所示。此时，只是实现了静态页面，要想实现动态切换效果，需添加 JavaScript 代码。

任务4　动态效果的实现

微课 1-8：
JavaScript 实现
文字切换效果

当 JavaScript 事件发生时所执行的相关程序称为"事件的处理程序"。当 JavaScript 中的 onclick 事件发生时，系统会自动触发 clickMe()函数，在这个程序中，clickMe()函数就是 onclick 事件的事件处理程序。

要实现图 1-2 所示的单击图片切换文字的动态效果，需使用 JavaScript 定义 clickMe()函数，并为页面中的 img 元素绑定单击事件并调用 clickMe()函数，就是为 img 元素增加 onclick 事件的属性，设定单击事件处理器，引用函数，代码如下。

```
<img src="img/blm.jpg" onclick="clickMe()"/>
```

使用保留关键字 function 定义 clickMe()函数，函数中使用保留关键字 var 定义字符串变量 str，赋值为水果名词的详细信息内容，通过语句"document.getElementById("demo")"来查找 id 属性值为"demo"的 HTML 元素，然后给它的 innerHTML 属性赋值为字符串变量 str，就可以实现名词解析效果。新建名为"jackfruit.js"的 JavaScript 文件，并添加 JavaScript 代码如下。

```
function clickMe() {
    var str = "菠萝蜜是热带水果，也是世界上重的水果，一般重达 5 - 20 公斤，重超过 59 公斤。";
    var str += "果肉鲜食或加工成罐头、果脯、果汁。种子富含淀粉，可煮食；树液和叶药用，";
    var str += "消肿解毒；果肉有止渴、补中益气功效；菠萝蜜 树形整齐，冠大荫浓，果奇特，";
    var str += "是优美的庭荫树和行道树。";
    document.getElementById("demo").innerHTML = str;
}
```

最后在 fruit. html 文件中添加链接 JavaScript 文件的代码，即可实现需要的动态效果，示例代码如下。

```
<script type="text/javascript" src="js/jackfruit.js" ></script>
```

单元小结

本单元介绍了 ECMAScript 及其各版本特点，讲解了 JavaScript 的主要特点及相关应用；介绍了使用 HBuilder 创建项目和新建文件的方法、与用户交互的方式、程序调试及页面结构、表现和行为。简要总结如下。

（1）JavaScript 的基本特点：JavaScript 是基于对象的解释性语言，具有动态性、跨平台性和开发使用简单等方面优势。

（2）JavaScript 的主要应用体现在客户端数据验证、页面特效、数值计算和动态效果页面。

（3）在 HTML 文档中引入 JavaScript 的方式。

① 使用<script></script>标签对。

② 链接外部的 JavaScript 文件。

（4）常用实现交流的输入/输出语句。

① 警告框：alert()。

② 确认用户的选择：confirm()。

③ 写入文档：document.write()。

④ 写入控制台日志：console.log()。

⑤ 提示对话框：prompt()。

⑥ 直接操作文档，如使用 innerHTML 写入 HTML 元素。

课后训练

【理论测试】

1. 在调用外部 JavaScript 文件（test.js）时，下面哪种写法是正确的？（　　）

    A. <script src="test.js"></script>　　B. <script file="test.js"></script>

    C. <script>"test.js"</script>　　D. <script href="test.js"></script>

2. JavaScript 中是否区分字母大小写？（　　）

    A. 是　　B. 否

3. 以下哪个选项是 JavaScript 的技术特性？（　　）

    A. 跨平台性　　B. 解释型脚本语言

    C. 基于对象的语言　　D. 具有以上各种功能

4. JavaScript 的编辑器有（　　　）。

    A. 记事本   B. Dreamweaver

    C. HBuilder   D. 任何一种文本编辑器

5. 在如下 JavaScript 语句中，（　　　）能实现确认框。

    A. window.open("确认您的删除操作吗?");

    B. window.confirm("确认您的删除操作吗?");

    C. window.alert("确认您的删除操作吗? ");

    D. window.prompt("确认您的删除操作吗? ");

6. 写"Hello World"的正确 JavaScript 语句是（　　　）。

    A. document.write("Hello World");

    B. "Hello World";

    C. response.write("Hello World");

    D. ("Hello World");

【实训内容】

1. 使用两种方式（通过<script>标签嵌入和通过<script>标签 src 属性链接）使页面弹出"你好啊！"的提示内容。

2. 页面放置 div 元素，默认内容为"景区简要信息"，单击图片获取该景区的详细信息，如图 1-29 和图 1-30 所示（提示：单击后更改元素的 innerHTML 属性值为"风景详细信息"等）。

图 1-29　显示景区简要信息效果   图 1-30　单击图片后显示景区详情效果

单元 2

JavaScript 语言基础

项目导入

编程语言的基础是数据类型和程序逻辑，掌握了这些就可以做出一些简单的效果。比如可以使用 JavaScript 实现图片轮播、数字计算等。JavaScript 的基本语法类似于 C 语言的基本语法，同时也存在差异，本单元重点学习 JavaScript 在页面中的应用，如实现猜数字游戏等基础功能。

职业能力目标和要求	掌握 JavaScript 的数据类型，能使用 typeof 运算符来判断数据类型。
	理解 JavaScript 数据类型的隐式转换。
	掌握 JavaScript 数据类型的显式转换。
	理解变量的作用域，掌握变量的声明和赋值。
	掌握函数的定义和调用。
	理解 JavaScript 函数的参数访问，能够实现函数间的参数传送，能够使用函数的返回值。
	掌握 JavaScript 运算符与表达式。
	掌握 JavaScript 流程控制语句和异常处理语句。

项目描述：实现猜数字游戏

本单元的项目是编写一个 JavaScript 程序，实现猜数字游戏。游戏开始前界面如图 2-1 所示，输入数字，单击"Start"按钮出现提示界面，提示输入的值偏小或者偏大，如图 2-2 和图 2-3 所示，同时显示用户的输入次数。猜测成功后恭喜用户，页面效果如图 2-4 所示；超过一定猜测次数时提示"您已经没有机会了，真遗憾！"，页面效果如图 2-5 所示，同时"Start"按钮不可用，游戏结束。

图 2-1　游戏开始前界面　　　图 2-2　提示输入的值偏小及输入次数　图 2-3　提示输入的值偏大及输入次数

图 2-4　猜成功时恭喜用户并显示猜测次数　　　　图 2-5　超过猜测次数

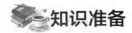 知识准备

2.1　数据类型

　　JavaScript 的数据类型是弱类型或者说是动态类型，这意味着不用提前声明变量的类型，变量的类型会根据所赋的值自动确定。下面将详细介绍 JavaScript 的数据类型。

2.1.1 数字型

数字（Number）型是最基本的数据类型。JavaScript 和其他程序设计语言（例如 C 语言或者 Java 语言）的不同之处在于它并不区分整型数据和浮点型数据。在 JavaScript 中，所有数字都是 Number 型，它包含整型数据、十六进制和八进制数据、浮点型数据。

微课 2-1：
Java Script 数据
类型——数字型

注意：在任何数字直接量前加上负号都可以构成它的负数。但是负号是一元求反运算符，不是数字直接量的一部分。

1. 整型数据

在 JavaScript 程序中，十进制的整数就是整型数据，它是一个数字序列，示例代码如下。

```
0           6           -8          200
var x=34;
```

2. 十六进制和八进制数据

JavaScript 不但能够处理整型数据，而且能够识别十六进制的数据。所谓十六进制数据（基数为 16），是以 "0X" 或 "0x" 开头，其后跟随十六进制数字串的直接量。十六进制的数据可以是 0~9 中的某个数字（包含 0 和 9），也可以用 a（A）~f（F）中的某个字母来表示 10~15 之间（包含 10 和 15）的某个值。十六进制数据字面值前面两位必须是 0x，后面是 0~9 及 A~F，示例代码如下。

```
0x8f                //8*16+15=143（基数为 10）
var x = 0xA;         //十六进制，10
var x = 0x1f;        //十六进制，31
```

ECMAScript 标准不支持八进制数据，但是 JavaScript 的某些程序实现却允许采用八进制格式的数据（基数为 8）。八进制数据以数字 0 开头，其后跟随一个数字序列，这个序列中的每个数字都在 0~7 之间（包括 0 和 7），示例代码如下。

```
0566                //5*64+6*8+6=374（基数为 10）
var x = 070;         //八进制，56
var x = 079;         //无效的八进制，自动解析为 79
var x = 08;          //无效的八进制，自动解析为 8
```

3. 浮点型数据

浮点型数据就是数据中必须包含一个小数点，并且小数点后面必须至少有一位数字的数据，示例代码如下。

```
var x = 3.8;
var x = 0.8;
var x = .8;               //有效，但不推荐此写法
```

4. toFixed() 方法

toFixed() 方法可把 Number 型数据四舍五入为指定小数位数的数字，返回值为字符串型数

据，示例代码如下。

```
var num = 3.456789;
var n=num.toFixed();   //不留任何小数，n 的值为 3
var num = 3.456789;
var n=num.toFixed(2); //留 2 位小数，n 的值为 3.46
alert(typeof n);       // string
```

在涉及计算的情况下，可以使用此方法来指定数字精度，比如求矩形的面积、体脂率计算、温度转换等。

【例 2-1】编写一个小程序，询问用户华氏温度，然后将其转换为摄氏度。要求指定数字精度，转换公式为 C= (5/9) * (F-32)。示例代码如下。

```
var F;
F=prompt("请输入华氏度",66);
document.write("摄氏度:"+((5/9) * (F-32)).toFixed());
```

2.1.2 字符串型

字符串（String）型数据是由 Unicode 字符、数字、标点符号等组成的序列，它是 JavaScript 用来表示文本的数据类型。程序中的 String 型数据包含在单引号或双引号中，由单引号定界的字符串中可以包含双引号，由双引号定界的字符串中也可以包含单引号。

微课 2-2：
Java Script 数据
类型——字符
串型

1. String 型数据

String 型数据可以是单引号括起来的一个或多个字符，示例代码如下。

```
'A'
'Hello JavaScript! '
```

String 型数据也可以是双引号括起来的一个或多个字符，示例代码如下。

```
"B"
"Hello JavaScript! "
```

单引号定界的字符串中可以包含双引号，示例代码如下。

```
'pass="mypass" '
```

双引号定界的字符串中可以包含单引号，示例代码如下。

```
"You can call her 'Rose '"
```

说明：JavaScript 与 C 语言、Java 语言不同的是，它没有 char 这样的单字符数据类型，要表示单个字符，必须使用长度为 1 的字符串。

任何字符串的长度都可以通过访问其 length 属性取得，示例代码如下。

```
var name = 'Lucky';
alert(name.length);        //输出 5
```

2. toString()方法

要把一个数据的值转换为一个字符串，可以使用 toString()方法。数字、布尔值、对象和字符串都可以调用 toString()方法，但空值（Null）和未定义值（Undefined）不可以。多数情况下，调用 toString()方法不必传递参数，但是在调用数字的 toString()方法时，可以传递一个参数，指定输出数字的基数。示例代码如下。

```
var age = 11;
var ageAsString = age.toString();      //输出字符串"11"
var found = true;
var foundAsString = found.toString(); //输出 String 型数据，后面的示例都可以用 typeof 运算符来判断数据
类型
var num = 10;
alert(num.toString());       //输出"10"
alert(num.toString(2));      //输出"1010"
alert(num.toString(8));      //输出"12"
alert(num.toString(10));     //输出"10"
alert(num.toString(16));     //输出"a"
```

根据示例可以看出，通过指定基数，toString()方法会改变输出的值。而数字 10 根据基数的不同，可以在输出时被转换为不同的数字格式。

3. String()方法

在不知道要转换的值是不是 Null 或 Undefined 的情况下，还可以使用 String()方法。这个方法能够将任何类型的值转换为字符串，遵循的转换规则：如果值可以调用 toString()方法，就调用该方法（没有参数）并返回相应的结果；如果值是 Null，就返回"null"；如果值是 Undefined，就返回"undefined"。示例代码如下。

```
var value1 = 10;
var value2 = true;
var value3 = null;
var value4;
alert(String(value1));    //输出"10"
alert(String(value2));    //输出"true"
alert(String(value3));    //输出"null"
alert(String(value4));    //输出"undefined"
```

2.1.3 布尔型

1. 布尔型数据

布尔（Boolean）型数据只有两个值，这两个布尔值分别由直接量"true"和"false"表示，它说明某个事物是真还是假。

在 JavaScript 程序中，布尔值通常用来比较所得的结果，示例代码如下。

微课 2-3：
Java Script 数据
类型——布尔型

```
m==1
```

　　这行代码测试了变量 m 的值是否和数字 1 相等，如果相等，比较的结果就是布尔值 true，否则结果就是布尔值 false。

　　布尔值通常用于 JavaScript 的控制结构中。例如，JavaScript 的 if...else...语句就是在布尔值为 true 时执行一种操作，而在布尔值为 false 时执行另一种操作。这些转换规则对理解流控制语句（如 if 语句）自动执行相应的 Boolean 型数据转换非常重要。示例代码如下。

```
var message = 'Hello World';
if(message) {
        alert("Value is true");
}
```

　　运行这个示例，就会显示一个警告框，因为字符串 message 被自动转换成了对应的布尔值（true）。在使用 JavaScript 进行程序设计时，要注意这种自动执行的 Boolean 型数据转换。

2. Boolean()方法

　　虽然 Boolean 型数据的字面值只有两个，但 JavaScript 中所有数据类型的值都有与这两个布尔值等价的值。true 和 1 用"=="（逻辑等于）比较是相同的，false 和 0 用"=="比较是相同的，因为程序内部调用了 Boolean()方法，会实现数据类型的转化，将 1 转换成 true，将 0 转换成 false。JavaScript 内部有很多数据类型的隐式转换，但是使用"==="（绝对等于）比较就不相等了，因为它们的数据类型是不同的。

　　调用 Boolean()方法，可以将一个值显式转换为其对应的布尔值，示例代码如下。

```
var message = 'Hello World';
var messageAsBoolean = Boolean(message);
```

　　在这个例子中，字符串 message 被转换成了一个布尔值，该值保存在变量 messageAsBoolean 中。Boolean()方法可以被任何数据类型的值调用，而且总会返回一个布尔值，返回的这个值是 true 还是 false，取决于要转换值的数据类型及其实际值。各种数据类型及其对象的转换规则如下。

　　（1）String 型，非空字符串都会转换成 true，空字符串（""）转换成 false。

　　（2）Number 型，只要不是 0，就会转换成 true，即使是负数，也会转换成 true；0 和 NaN 转换成 false。

　　（3）Object 型，只要不是 Null，就会转换成 true。

　　（4）Undefined 和 Null 都会转换成 false。

2.1.4　特殊数据类型

　　除了以上介绍的数据类型，JavaScript 还包括一些特殊类型的数据，如转义字符、Undefined、Null、NaN 等。

1. 转义字符

　　以反斜杠开头的不可显示的特殊字符通常称为控制字符，也称为转义字符。转义字符可以在

微课 2-4：
Java Script 数据
类型——特殊
数据类型

字符串中添加不可以显示的特殊字符，可以避免引号匹配混乱。JavaScript 常用的转义字符如表 2-1 所示。

表 2-1 JavaScript 常用的转义字符

转义字符	描述	转义字符	描述
\'	单引号	\"	双引号
\n	换行	\\	反斜杠
\t	Tab 符号	\r	换行

转义字符"\""应用示例如下。

```
document.write("You can call her \"Rose\" ");
```

在 document.write()语句中使用"\n"符转义字符时，只有将"\n"等转义字符放在格式化文本<pre></pre>标签对中才会起作用，示例代码如下。

```
document.write("<pre>努力学习\nJavaScript 语言！</pre>");
```

2. Undefined

Undefined 是未定义的变量，表示变量还没有被赋值，示例代码如下。

```
var m;
alert(m == undefined)  //true
```

或者表示变量被赋予一个不存在的属性值，示例代码如下。

```
var n=String.noproperty;
```

3. Null

JavaScript 中的 Null 是一个特殊的值，它表示值为空，用于定义空的或者不存在的引用。这里必须注意的是，Null 不等同于空字符串（""）和 0。

由此可见，Null 和 Undefined 的区别是，Null 表示一个变量被赋予了一个空值，而 Undefined 则表示该变量尚未被赋值。无论在什么情况下，都没有必要把一个变量的值显式设置为 Undefined；可是同样的规则对 Null 却不适用，只要想要保存对象的变量还没有真正保存对象，就应该明确地让该变量保存 Null，这样做不仅可以体现 Null 作为空对象指针的惯例，还有助于进一步区分 Null 和 Undefined。

如果用"=="进行比较，Null 和 Undefined 就是相等的，因为比较的是隐式转换后的值；比较数据类型时，可以使用 typeof 运算符将它们区分开，也可以使用"==="（比较的是值和数据类型，只有两者全都相同才返回 true）。

4. NaN

此外，JavaScript 中还有一种特殊类型的 Number 型常量 NaN（Not a Number）。当程序计算错误后，将产生一个没有意义的数字，此时 JavaScript 返回的数字就是 NaN。

这个数字用于表示一个本来要返回数字的操作却未返回数字的情况（这样不会抛出错误）。例如，在其他编程语言中，任何数字除以 0 都会导致错误，从而停止代码执行。但在 JavaScript 中，任何数字除以 0 都会返回 NaN，这样不会影响其他代码的执行。

NaN 本身有两个非同寻常的特点，首先，任何涉及 NaN 的操作（如 NaN/10）都会返回 NaN，这个特点在多步计算中有可能导致问题；其次，NaN 与任何值都不相等，包括 NaN 本身，例如以下代码会输出 false。

```
alert(NaN == NaN);        //false
```

isNaN()函数主要用于检验某个值是否为 NaN，语法格式如下。

```
isNaN(Num);
```

Num 为函数的参数，该参数可以是任何数据类型，函数会确定这个参数是否"不是数字"。

isNaN()函数在接收一个值之后，会尝试将这个值转换为数字。某些不是数字的值会直接转换为数字，例如字符串"10"或布尔值，函数会返回 false；而任何不能被转换为数字的值都会导致这个函数返回 true。示例代码如下。

```
isNaN(123) ;              //返回值是 false（123 是一个数字）
isNaN(-1.23);             //返回值是 false
isNaN(5-2) ;              //返回值是 false
isNaN(0);                 //返回值是 false
isNaN("Hello");           //返回值是 true（不能被转换为数字）
isNaN("2005/12/12");      //返回值是 true
isNaN(NaN);               //返回值是 true
isNaN("10");              //返回值是 false（可以被转换为数字 10）
isNaN(true);              //返回值是 false（可以被转换为数字 1）
```

2.2　数据类型的转换

2.2.1　数据类型的隐式转换

当 JavaScript 尝试操作一个"错误"的数据类型时，会将其自动转换为"正确"的数据类型。例如以下示例的输出结果可能不是所期望的。

微课 2-5：数据类型的隐式转换

```
5 + null         // 返回 5, null 转换为 0
"5" + null       // 返回"5null", null 转换为 "null"
"5" + 1          // 返回 "51", 1 转换为 "1"
"5" - 1          // 返回 4, "5" 转换为 5
"5"* 2           // 返回 10, "5" 转换为 5
"6" / 2          // 返回 3, "6" 转换为 6
```

总结：当将字符串与其他类型数据用"+"连接时，其他类型数据会隐式转换为字符串，其他运算符"-""*""/""%"都会隐式转换成 Number 型。

2.2.2 数据类型的显式转换

有 3 个函数可以把非数字显式转换为数字，即 Number()函数、parseInt()函数和 parseFloat()函数。转型函数 Number()可以用于任何数据类型，另外两个函数专门用于把字符串转换成数字。这 3 个函数对于同样的输入内容会返回不同的结果。

1. Number()函数

Number()函数的转换规则如下。

（1）如果是布尔值，true 和 false 就将分别被替换为 1 和 0。

（2）如果是数字，就只是简单地输入和返回。

（3）如果是 Null，就返回 0。

（4）如果是 Undefined，就返回 NaN。

（5）如果是字符串，就遵循下列规则。

① 如果字符串中只包含数字，就将其转换为十进制数据，即"1"会变成 1，"123"会变成 123，而"011"会变成 11（前导的 0 被忽略）。

② 如果字符串中包含有效的浮点格式，如"1.1"，就将其转换为对应的浮点数（同样，也会忽略前导 0）。

③ 如果字符串中包含有效的十六进制数据格式，例如"0xf"，就将其转换为相同大小的十进制数据。

④ 如果字符串是空的，就将其转换为 0。

⑤ 如果字符串中包含除上述格式之外的字符，就将其转换为 NaN。

示例代码如下。

```
var num1 = Number("Hello World");     //NaN
var num2 = Number("");                //0
var num3 = Number("000011");          //11
var num4 = Number(true);              //1
```

2. parseInt()函数

由于 Number()函数在转换字符串时比较复杂，而且不够合理，因此在处理整数的时候更常用的是 parseInt()函数。

parseInt()函数用于将首位为数字的字符串转换为数字，解析到非数字字符为止。parseInt()函数在转换字符串时，更多是看其是否符合数字模式，开头和结尾的空格是允许的。如果字符串不是以数字或者负号开头，就将返回 NaN。

其语法格式如下。

```
parseInt(StringNum,[n]);
```

"StringNum"为需要转换为整型数据的字符串；n 为所保存数字的进制数，这个参数在函数中不是必需的。示例代码如下。

```
parseInt("10");                    //返回值是 10
parseInt("10.33");                 //返回值是 10
parseInt("34 45 66");              //返回值是 34
parseInt(" 60 ");                  //返回值是 60
parseInt("40 years");              //返回值是 40
parseInt("He was 40") ;            //返回值是 NaN
parseInt("10",8);                  //返回值是 8，函数第二个参数指定转换时使用的基数（即多少进制）
var num1 = parseInt("1234blue");   //1234
var num2 = parseInt("");           //NaN
```

用 parseInt()函数转换空字符串会返回 NaN。如果第一个字符是数字字符，praseInt()函数就会继续解析第二个字符，直到解析完所有后续字符或者遇到了一个非数字字符为止。例如，"1234blue"会转换为 1234；"22.5"会转换为 22，因为小数点并不是有效的整数数字字符。

3. parseFloat()函数

该函数用于将首位为数字的字符串转换为浮点数，如果在解析过程中遇到了正号、负号、小数点，或者科学记数法中的指数（e 或 E）以外的非数字字符，它就会忽略该字符以及之后的所有字符，返回当前已经解析到的浮点数；参数字符串首位的空白符会被忽略。如果字符串不是以数字开头，就将返回 NaN。其语法格式如下。

```
parseFloat(StringNum);
```

"StringNum"为需要转换为浮点数的字符串。

示例代码如下。

```
parseFloat("10");                  //返回值是 10
parseFloat("10.3.3");              //返回值是 10.3
parseFloat("34 45 66");            //返回值是 34
parseFloat(" 60 ");                //返回值是 60
parseFloat("40 years");            //返回值是 40
parseFloat("He was 40");           //返回值是 NaN
```

与 parseInt()函数类似，parseFloat()函数也是从第一个字符（0）开始解析每个字符，而且也是一直解析到字符串末尾，或者解析到遇见无效的浮点字符为止。也就是说，字符串中的第一个小数点是有效的，而第二个小数点就是无效的了，如果遇到了第二个小数点，它后面的字符串将被忽略。

2.3   表达式与运算符

2.3.1   表达式

表达式是一个语句的集合，像一个组一样，计算结果是一个单一的值，该值可以是 Boolean 型、Number 型、String 型或者 Object 型。

一个表达式本身可以很简单，如一个数字或者变量，它还可以包含许多连接在一起的变量、常量以及运算符。

例如表达式 m=8，表示将 8 值赋给变量 m，整个表达式的计算结果是 8，因此在一行代码中使用此类表达式是合法的。一旦将 8 赋值给变量 m 的工作完成，则变量 m 也将是一个合法的表达式。除了赋值运算符，还有许多可以用来形成一个表达式的其他运算符，例如算术运算符、逻辑运算符、比较运算符等。

2.3.2　运算符

用于操作数据的特定符号的集合叫运算符，运算符操作的数据叫作操作数，运算符与操作数连接形成表达式，运算符也可以连接表达式构成更长的表达式。运算符可以连接不同数目的操作数，例如一元运算符可以应用于 1 个操作数，二元运算符可以应用于 2 个操作数，三元运算符可以应用于 3 个操作数。运算符可以连接不同数据类型的操作数，实现算术运算、逻辑运算、关系运算。用于赋值的运算符叫赋值运算符，用于条件判断的运算符叫条件运算符（唯一的三元运算符）。

1.　算术运算符

算术运算符可以进行加、减、乘、除和其他算术运算，如表 2-2 所示。

表 2-2　算术运算符

算术运算符	描述	算术运算符	描述
+	加	/	除
−	减	++	递加 1
*	乘	−−	递减 1
%	取模		

除 "+" "−" "*" "/" 外，还有两个非常常用的算术运算符，即递加 1 运算符 "++" 和递减 1 运算符 "−−"。例如 mynum++ 表示使 mynum 值在原基础上增加 1，mynum−− 表示使 mynum 值在原基础上减去 1，示例代码如下。

```
mynum = 10;
mynum++;              //mynum 的值变为 11
mynum--;              //mynum 的值又变回 10
```

可以将代码写成如下形式。

```
mynum = mynum + 1; //等同于 mynum++
mynum = mynum - 1; //等同于 mynum--
```

2.　比较运算符

比较运算符可以比较表达式的值，比较运算符的基本操作过程是：首先对操作数进行比较，然后返回一个布尔值（true 或 false）。JavaScript 中常用的比较运算符如表 2-3 所示。

表 2-3　比较运算符

比较运算符	描述	比较运算符	描述
<	小于	>=	大于等于
>	大于	==	等于
<=	小于等于	!=	不等于
===	绝对等于	!==	不绝对等于

绝对等于运算符"==="与不绝对等于运算符"!=="对数据类型的一致性要求严格，示例代码如下。

```
'34' == 34           //true
'34' === 34          //false
'34' != 34           //false
'34' !== 34          // true
null === undefined   // false
null == undefined    // true
```

3. 逻辑运算符

逻辑运算符可以比较两个值，然后返回一个布尔值（true 或 false）。JavaScript 中常用的逻辑运算符如表 2-4 所示。

表 2-4　逻辑运算符

逻辑运算符	描述
&&	逻辑与，在形式 A&&B 中，只有当两个条件 A 和 B 都为 true 时，整个表达式才为 true
||	逻辑或，在形式 A||B 中，只要两个条件 A 和 B 有一个为 true，整个表达式就为 true
!	逻辑非，在!A 中，当 A 为 true 时，表达式的值为 false；当 A 为 false 时，表达式的值为 true

4. 赋值运算符

赋值运算符不但能实现赋值功能，而且由它构成的表达式也有一个值，值就是赋值运算符右边的表达式的值。赋值运算符的优先级很低，仅高于逗号运算符。

JavaScript 中常用赋值运算符如表 2-5 所示。其中后面 5 个赋值运算符是先运算，后赋值，可以简化程序后书写，提高运算效率。

表 2-5　赋值运算符

赋值运算符	描述
=	将右边表达式的值赋给左边的变量。例如 userpass="123456"
+=	将运算符左侧的变量加上右侧表达式的值，并将结果赋给左侧的变量。m+=n，相当于 m=m+n
-=	将运算符左侧的变量减去右侧表达式的值，并将结果赋给左侧的变量。m-=n，相当于 m=m-n

续表

赋值运算符	描述
*=	将运算符左侧的变量乘以右侧表达式的值，并将结果赋给左侧的变量。m*=n，相当于 m=m*n
/=	将运算符左侧的变量除以右侧表达式的值，并将结果赋给左侧的变量。m/=n，相当于 m=m/n
%=	将运算符左侧的变量用右侧表达式的值求模，并将结果赋给左侧的变量。m%=n，相当于 m=m%n

5. 条件运算符

条件运算符是三元运算符，使用该运算符可以方便地根据条件逻辑表达式的真假值得到对应的取值，格式如下。

操作数? 结果 1: 结果 2

如果操作数的值为 true，整个表达式的结果就为结果 1，否则为结果 2。

说明：条件运算符中条件部分如果不是 Boolean 型，就按"非零即真"的原则进行判断。条件运算符嵌套时按向左结合的顺序计算。在编写语句时用多行语句内容表示一条复杂语句，会使语句结构更清晰，增强程序的可读性。

微课 2-6：条件运算符实现图片切换

【例 2-2】使用条件运算符实现图片切换，效果如图 2-6 所示。示例代码如下。

```
布局:    <img src="img/1.jpg" id="image" />
         <button id="next">上一张</button>
         <button id="prev">下一张</button>
样式: #image{
             width: 100%;
         }
         body{
             text-align: center;
         }
         button{
             margin: 10px;
             width: 80px;
             font-size: 16px;
             height: 36px;
             border: solid 2px darkgreen;
         }
实现: var image = document.getElementById('image');
     var next = document.getElementById("next");
     var prev = document.getElementById('prev');
     var nowIndex = 1;
     var count = 6;
     next.onclick = function(){
```

```
                        nowIndex = nowIndex+1>count?1:nowIndex+1;
                        //相当于: if(nowIndex+1>count){
                        //              nowIndex = 1;
                        //          }else{
                        //                  nowIndex++;}
                        image.src = "img/"+nowIndex+".jpg";
                }
        prev.onclick = function(){
                        nowIndex = nowIndex<=1?count:nowIndex-1;
                        //相当于: if(nowIndex-1<=0){
                        //                  nowIndex = count;
                        //          }else{
                        //                  nowIndex--;}
                        image.src = "img/"+nowIndex+".jpg";
                }
```

（a）图片切换布局效果　　　　　　　　（b）单击按钮后的效果

图 2-6　图片切换效果

6. 位操作运算符

位操作运算符分为两种，一种是普通运算符，另一种是位移运算符。在进行运算前，先将操作数转换为 32 位的二进制整数，然后进行相关运算，最后输出结果以十进制表示。位操作运算符对数字的位进行操作，如向左或向右位移等。JavaScript 中常用的位操作运算符如表 2-6 所示。

表 2-6　位操作运算符

位操作运算符	描述	位操作运算符	描述
&	与运算符	~	非运算符
|	或运算符	<<	左移
^	异或运算符	>>	右移

7. typeof 运算符

鉴于 ECMAScript 是松散类型的，需要有一种方法来检测给定变量的数据类型，typeof 运算符就是负责提供这方面信息的运算符。typeof 运算符返回其操作数当前的数据类型，这对于判断一个变量是否已被定义非常有效。应用 typeof 运算符返回当前操作数的数据类型示例代码如下。

微课 2-7：typeof 运算符的用法

```
alert(typeof "John");              // 输出 string
alert(typeof 3.14);                // 输出 number
alert(typeof false);               // 输出 boolean
alert(typeof [1,2,3,4]);           // 输出 object
alert(typeof {name:'John', age:34});  // 输出 object
alert(typeof undefined);           // 输出 undefined
alert(typeof null);                // 输出 object，从逻辑角度来看，null 表示一个空对象指针
alert(typeof NaN);                 // NaN 是用来表示当前操作数是否属于"number"的一种状态
```

说明：typeof 运算符把数据类型信息用字符串返回，都是小写字符串。typeof 运算符的返回值有 number、string、boolean、object、function 和 undefined 6 种。

typeof 是运算符，不是方法，也就是说和加、减号使用方法一样，没必要给操作数加圆括号，不过即使加了也不会报错。对于函数 function，typeof 运算符运算后的结果是"function"，其他对象在经过 typeof 运算符运算后，结果都是"object"，很没有识别性。具体识别对象类型使用 instanceof，对于基本类型，instanceof 永远返回 false，示例代码如下。

```
1 instanceof Number;              //false
new Number(1) instanceof Number;  //true
```

8. new 运算符

使用 new 运算符可以创建一个新对象，语法格式如下。

```
new constructor[(arguments)]
```

constructor：必选项，对象的构造函数。如果构造函数没有参数，就可以省略圆括号。
arguments：可选项，传递给新对象构造函数的任意参数。
示例代码如下。

```
var arr=new Array();
var obj=new Object;
var date1=new Date("Augest 8 2019");
```

9. 运算符的优先级

JavaScript 运算符具有明确的优先级与结合性。优先级较高的运算符将先于优先级较低的运算符进行运算。结合性是指具有同等优先级的运算符将按照怎样的顺序进行运算，结合性有向左结合和向右结合两种，例如表达式 x+y+z，向左结合就是先运算 x+y，即(x+y)+z；向右结合则表示先运算 y+z，即 x+ (y+z)。JavaScript 运算符的优先级及其结合性如表 2-7 所示。

表 2-7　JavaScript 运算符的优先级和结合性

优先级	结合性	运算符
最高	向左	[ ]、( )
	向右	++、--、-、!、delete、new、typeof、void
	向左	*、/、%
	向左	+、-
	向左	<<、>>、>>>
	向左	<、<=、>、>=、in、instanceof
	向左	==、!=、===、!===
	向左	&
优先级由高到低依次排列	向左	^
	向左	|
	向左	&&
	向左	||
	向右	?:
	向右	=
	向右	*=、/=、%=、+=、-=、<<=、>>=、.>>>=、&=、^=、|=
最低	向左	,

注意：原始运算符比函数调用快，比如，一般不用"var min= Math.min(a,b);"，可以用"var min=a<b?a:b;"。

2.4　变量

变量是用于存储信息的"容器"。它可以存储和表示 JavaScript 中所有类型的数据。使用保留关键字 var 声明变量，JavaScript 是弱类型语言，声明变量时不需要指定变量类型。

2.4.1　变量的定义与命名

变量是指程序中已经命名的存储单元，它的主要作用就是为数据操作提供存放信息的容器。在使用变量前，必须先了解变量的命名规则，这些规则同样适用于函数的命名。

JavaScript 中的变量命名同其他编程语言非常相似，另外还需要注意以下几点。

微课 2-8：
Java Script 变量

（1）必须是一个有效变量，即变量名以字母开头，中间及尾部可以出现数字，如 test1、test2 等；可以用下画线作为连字符外，不能有空格、+、-或其他符号。变量也能以$和_符号开头（不推荐这么做，这种命名方法通常用在特定领域）。

（2）不能使用 JavaScript 中的保留关键字作为变量。这些保留关键字是 JavaScript 内部使用的，不能作为变量名，如保留关键字 var、int、double、true 等，详细参考表 2-8。

（3）JavaScript 的变量名是严格区分字母大小写的。例如 Userpass 与 userpass 就是分别代表不同的变量。

注意：对变量命名时，最好有一定的含义，以便于记忆，且具有一定意义的变量名，可以增加程序的可读性。变量命名通常使用小驼峰命名法（就是多个英文单词组成一个变量名时，除了首个单词小写之外，所有单词首字母大写）；构造函数使用大驼峰命名法（所有单词首字母大写）。

2.4.2 变量的作用域

变量还有一个重要特性，那就是变量的作用域。在 JavaScript 中同样有全局变量和局部变量之分。

微课 2-9：变量的
作用域

全局变量：在所有函数体之外声明（使用保留关键字 var）的变量是全局变量，页面上的所有脚本和函数都能访问它。如果变量在函数内没有声明（没有使用保留关键字 var），该变量就为全局变量。例如语句"x=1;"将声明一个全局变量 x，即使它在函数内执行。

局部变量：在 JavaScript 函数内部声明（使用保留关键字 var）的变量是局部变量，只能在对应函数内部访问它（该变量的作用域是局部的），其他函数则不能访问它。

JavaScript 变量的生命期：JavaScript 变量的生命期从它们被声明的时间开始，局部变量会在函数运行以后被删除，全局变量会在页面关闭后被删除。

要是全局变量与局部变量有相同的名字，那么同名局部变量所在函数内会屏蔽全局变量，优先使用局部变量。

【例 2-3】变量的作用域，在<script></script>标签对内编写示例代码如下。

```javascript
<script language="javascript">
  var c= "change";
  function test() {
      a = 30;
      var b = 20;
      var c = 10;
      console.log("c=" + c);
  }
  test();                  // c 为局部变量，输出 c=10
  console.log("c=" + c);   //这里的 c 为全局变量，输出 c=change
  console.log("a=" + a);   //这里的 a 为全局变量，输出 a=30
  console.log("b=" + b);   //这里的 b 为局部变量，故在函数 test 外调用时会提示未定义
</script>
```

说明：【例 2-3】运行结果说明，函数内改变的只是该函数内定义的局部变量，不影响函数外的同名全局变量的值；函数调用结束后，局部变量占据的内存存储空间被收回，而全局变量内

存存储空间则被继续保留。

拓展：立即执行函数

立即执行函数（Immediately Invoked Function Expression IIFE），正如它的名字，其在创建函数的同时立即执行。它没有绑定任何事件，也无须等待任何异步操作，示例代码如下。

```
(function(){
    console.log('新的一天新的开始！')
})()
```

function(){…}是一个匿名函数，包围它的一对圆括号将其转换为一个表达式，紧跟其后的一对花括号调用了这个函数。IIFE 也可以理解为立即调用一个匿名函数。

2.4.3 变量的声明与赋值

JavaScript 变量可以在使用前先声明，并赋值。使用保留关键字 var 声明变量，能及时发现代码中的错误。因为在 JavaScript 中，用保留关键字 var 声明变量的语法格式如下。

```
var variable;
```

在声明变量的同时也可以对变量进行赋值，示例代码如下。

```
var m=88;
```

声明变量时所遵循的规则如下所述。

（1）可以使用一个保留关键字 var 同时声明多个变量，示例代码如下。

```
var x,y,z;        //同时声明 x,y,z 3 个变量
```

（2）可以在声明变量的同时对其赋值，即为初始化，示例代码如下。

```
var x=1,y=2,z=3;   //同时声明 x,y,z 3 个变量，并分别对其赋值。
```

（3）如果只是声明了变量，并未对其赋值，其值就默认为 Undefined。

（4）保留关键字 var 可以用作 for 语句和 for…in 语句的一部分，这样循环变量的声明成为循环语句自身的一部分，使用起来比较方便。

（5）可以使用保留关键字 var 多次声明同一个变量，变量可以重复赋值，最后的赋值会覆盖之前的赋值。

当给一个尚未声明的变量赋值时，JavaScript 会自动用该变量名创建一个全局变量。在函数内部，通常创建的只是一个仅在函数内部起作用的局部变量，而不是一个全局变量。创建一个局部变量前，必须使用保留关键字 var 在函数内进行变量声明。

另外，由于 JavaScript 采用弱类型的数据形式，因此用户可以不必理会变量的数据类型，可以把任意类型的数据赋值给变量。

在 JavaScript 中，变量可以先不声明，使用时再根据变量的实际作用来确定其所属的数据类型。作为程序员，建议在使用变量前就对其进行声明，因为声明变量的最大好处就是能及时发现代码中的错误。

2.4.4 保留关键字

JavaScript 保留关键字是指在 JavaScript 中因具有特殊含义，成为 JavaScript 语句一部分的那些字。JavaScript 中的标识符用来命名变量和函数，或者用作 JavaScript 代码中某些循环的标签。JavaScript 保留关键字不能作为变量名或者函数名使用。使用 JavaScript 保留关键字作为变量名或函数名，会使 JavaScript 代码在载入的过程中出现编译错误。JavaScript 常用的保留关键字如表 2-8 所示。

表 2-8　JavaScript 常用的保留关键字

abstract	continue	finally	instanceof	private	this
boolean	default	float	int	public	throw
break	do	for	interface	return	typeof
byte	double	function	long	short	true
case	else	goto	native	static	var
catch	extends	implements	new	super	void
char	false	import	null	switch	while
class	final	in	package	synchronized	with

2.5　函数

函数是由事件驱动的或者当它被调用时执行的可重复使用的语句块。函数分为自定义函数和系统函数，自定义函数是命名的语句块，可用于完成特定的功能，需要先创建，再调用，分为有参函数和无参函数。

2.5.1 自定义函数

自定义函数名的声明，除了要遵守标识符声明的规则以外，还要遵守函数名必须体现其功能的规则，函数的功能应尽可能保证单一。

函数可以封装任意多条语句，函数体是当函数被调用时执行的可重复使用的语句块。函数由保留关键字 function 定义，在调用函数时，可以向其传递值，这些值被称为参数；这些参数可以在函数中使用，可以发送任意多的参数，参数之间用逗号分隔。函数声明基本语法格式如下。

微课 2-10：
JavaScript 函数

```
function functionname([参数表]) {//形式参数，声明函数的时候用的假设的参数，叫作形参。
    函数主体代码
}
functionname (argument1,argument2) // 实际参数，调用函数的时候用的实际参数，叫作实参。
```

定义函数时指定的参数称为形式参数（参数之间用逗号分隔），简称形参；而把函数调用时实际传递的参数称为实际参数，简称实参。通常在定义函数时使用了多少个形参，在函数调用时也必须给出多少个实参，同样实参也需要使用逗号分隔。

系统并不为形参分配相应的存储空间；实参通常在调用函数之前就已经分配了内存，并赋予了实际的数据，在函数的执行过程中，实参参与了函数的运行。

【例 2-4】函数的定义和调用。

定义函数，示例代码如下。

```
<script>
    function myFun () {              // 无参数函数定义
        alert("Hello World!");
    }
    function myFunction(name,age) { // 有参数函数定义
        alert(name + "今年 " + age);
}
</script>
```

微课 2-11：函数的使用实现点亮灯泡

调用有参数的函数，示例代码如下。

```
<button onclick="myFun()">无参函数调用</button>
<button onclick="myFunction('小曼','19')"> 单击这里</button>
<button onclick="myFunction('小明','20')"> 单击这里</button>
```

定义函数和调用函数是两个截然不同的概念。定义函数只是让浏览器知道有这样一个函数，而只有在函数被调用时，其代码才能真正被执行。函数，必须位于<script></script>标签对之间，可以使用不同的参数来调用该函数，这样就会给出不同的消息。

Arguments 对象只在函数内部起作用，并且永远指向当前函数的调用者传入的所有参数。arguments 对象不能显式创建，只有函数开始时才可用。arguments 对象并不是一个数组，不能对它使用 shift、push、join 等方法。访问单个参数的方式与访问数组元素的方式相同，但 arguments[i]中的 i 只是作为 arguments 对象的属性，并不能理解为数组下标。

在 JavaScript 中，不需要明确指出参数名，就能访问它们，示例代码如下。

```
function hi(name){
    if(arguments[0]=="andy"){
        return;
    }
    alert(arguments[0]);
}
hi("John");
```

arguments 对象的 length 属性可以返回调用时传递给函数的实参数目，其语法格式如下。

```
[function.]arguments.length;
```

其中，可选项 function 参数是当前正在执行的 function 函数的名称。

说明：当 function 函数开始执行时，脚本引擎将 arguments 对象的 length 属性初始化为传递给该函数的实参数目。

JavaScript 允许一个函数传递个数可变的参数，JavaScript 不会主动判断到底给函数传了多少个参数，如果多传了，多余的部分就不被使用；如果少传了，没传的参数值就是 Undefined，所以可以借助 arguments 对象的 length 属性来检测调用函数时是否使用了正确数目的实参。

【例 2-5】arguments 对象的应用，示例代码如下。

```
<script>
    function reloadList(x,y){
        if(arguments.length!=2)                // arguments.length 获取实际被传递参数的数目
            console.log(arguments.length+"个参数,不是预期的 2 个参数");
        if(typeof arguments[0] == "string")
            alert("第 1 个参数"+arguments[0] +"是 string 型");
        if(typeof arguments[0] == "number")
            alert("第 1 个参数"+arguments[0] +"是 number 型");
        if(typeof arguments[0] == "boolean")
            alert("第 1 个参数"+arguments[0] +"是 Boolean 型");
        if(typeof arguments[0] == "undefined")
            alert("第 1 个参数是"+arguments[0]);
        if(typeof arguments[0] == "null")
            alert("第 1 个参数是"+arguments[0]);
        var s="参数:";
        for (n=0; n< arguments.length; n++){     // 获取参数内容
                s += reloadList.arguments[n];
                s += " ";
        }
        return(s);                             // 返回参数列表
    }
    console.log(reloadList(1, 2, "hello", new Date()));
</script>
```

2.5.2　函数的返回值

使用 return 语句可以实现函数将值返回调用它的地方。执行 return 语句后，函数会停止执行，并返回指定的值，示例代码如下。

```
function myFunction(x) {
    if(x >= 0){
        return x;
    } else {
        return -x;
    }
}
var myVar=myFunction(5); //函数会返回值 5
```

注意：执行 return 语句后，整个 JavaScript 程序并不会停止执行，JavaScript 将从调用函数的地方继续执行代码。函数调用将被返回值取代，"var myVar=myFunction(5);"语句表示变量 myVar 的值是 5，也就是 myFunction()函数所返回的值是 5。即使是 myFunction()函数不保存为变量，也可以使用返回值，如 "document.getElementById("demo").innerHTML=myFunction();"语句表示 id 属性值为 demo 元素的 innerHTML 属性值将成为 5，也就是函数 myFunction()函数所返回的值是 5。如果没有 return 语句，函数执行完毕后也会返回结果，只是结果为 Undefined。

JavaScript 的函数就是一个对象，所以上述定义的 myFunction ()函数实际上是一个函数对象，函数名可以视为指向该函数的变量。

观察如下示例代码。

```
var abs = function (x) {
        if(x >= 0){
            return x;
        }
        else {
            return -x;
        }
    };
```

上面的代码中 function (x) {…}是一个匿名函数，它没有函数名。因为这个匿名函数赋值给了变量 abs，所以通过变量 abs 就可以调用该函数。上述两种定义完全等价，注意第二种方式按照完整语法要求需要在函数体末尾加一个 ";"，表示赋值语句结束。

调用函数时，按顺序传入参数即可。

```
abs(10);                // 返回 10
abs(-9);                // 返回 9
```

由于 JavaScript 允许传入任意个参数而不影响调用，因此传入的参数比定义的参数个数多也不会报错，即使函数内部并不需要这些参数。

```
abs(10,'blablabla');        //返回 10
abs(-9,'haha','hehe',null) ; //返回 9
```

传入的参数比定义的参数个数少也不会报错，示例代码如下。

```
abs();                  //返回 NaN
```

此时 abs(x)函数的参数 x 将收到 Undefined，计算结果为 NaN，为了避免这种情况，可以完善函数如下。

```
function abs(x){
        if(typeof x !=='number') //非期望的输入时，给予提示
            alert('Not a number' );
        if(x >=0){
            return x;
        }
```

```
        else{
            return -x;
        }
}
```

如果仅仅希望退出函数时也可以使用 return 语句，而且返回值是可选的，就可以完善函数，示例代码如下。

```
function myFunction(a,b) {
    if (a>b)
        return ;            //相当于 return undefined
    x=a+b;
}
```

如果 a 大于 b，上述代码就将退出函数，并不会计算 a 和 b 的总和。

2.6 基本语句

JavaScript 代码是 JavaScript 语句的序列。通常在每条可执行的语句结尾添加分号用于分隔不同 JavaScript 语句，分号的另一用处是在一行中编写多条语句。常用的基本语句有流程控制语句和异常处理语句。

2.6.1 流程控制语句

结构化程序有 3 种基本结构，分别是顺序结构、分支结构和循环结构。编程语言都有流程控制语句，使用这些语句及其嵌套可以表示各种复杂算法。前述各例都是顺序结构的程序，比较简单，这里主要讲解分支结构和循环结构的流程控制语句。

微课 2-12：
if... else...语句

1. 分支结构
（1）if...else...语句
if...else...语句是最基本、最平常的分支结构语句，语法格式如下。

```
if(条件表达式){
    语句块 1
}else{
    语句块 2
}
```

示例代码如下。

```
var age = 20;
if(age >= 18){             // 如果 age >=18 为 true, 就执行 if 语句
    alert('adult');
}else{                     // 否则执行 else 语句块
    alert('teenager') ;
```

```
}
```

其中，else 语句是可选的，如果语句只包含一条语句，就可以省略花括号，示例代码如下。

```
var age = 20;
if(age >=18)
    alert('adult');
else
    alert('teenager');
```

如果还要更细致地判断条件，就可以使用多个 if...else...语句嵌套，实现多行条件判断，示例代码如下。

```
var age = 3;
if(age >=18){
        alert('adult')
}else if (age >= 6){
        alert('teenager');
}else{
        alert('kid') ;
}
```

上述多个 if...else...语句的嵌套实际上相当于两层 if...else...语句，代码可改写如下。

```
var age = 3;
if(age >=18){
     alert('adult');
}
else{
    if(age >=6){
        alert('teenager');
    }
    else{
        alert('kid')
    }
}
```

说明：if...else...语句的执行特点是二选一，在多个 if...else...语句中，如果某个条件成立，后续就不再继续进行条件判断。条件判断时，JavaScript 把 Null、Undefined、0、NaN 和空字符串视为 false，其他值一概视为 true。

（2）switch 语句

使用 if...else...语句嵌套可以实现多分支结构语句，用 switch 语句也可以实现。switch 语句的结构代码如下。

微课 2-13：
switch 语句

```
switch(表达式){
    case 值1:
```

```
        语句块 1
        break;
        ...
     case 值 n:
        语句块 n
        break;
     default:
        语句块 n+1
   }
```

【例 2-6】分支结构流程控制语句的使用，示例代码如下。

```
var time = new Date().getHours(); // new Date()方法得到当前时间点的时间对象，通过 getHours()方法获取
小时数
if(time < 10){
     document.write ("Good morning ! ");
}else if(time>=10 && time<20){
             document.write ("Good day ! ");
     }else{
             document.write ("Good evening ! ");
     }
var day=new Date().getDay();      // 通过.getDay()方法获取当前日期（星期几），0 为周日，1-6 表示周一到周六
switch (day) {
     case 0:
        document.write ("今天是周日");
        break;
     case 6:
        document.write ("今天是周六");
        break ;
     default:
        document.write ("今天是工作日! ");
}
```

运行【例 2-6】代码，以 2019 年 5 月 6 号为例，返回结果为"Good day !今天是工作日!"。

说明：多分支的 switch 语句中，如果几个分支使用共同的语句，就可以将它们合并，使用一段语句块。switch 语句中的"break;"使分支从此退出，以免执行后续语句。读者可以尝试运行删除"break;"后的代码，对比两次运行的结果。

注意：将条件分支按可能性顺序从高到低排列，可以减少解释器对条件的探测次数。

在同一条件下判断，当超过两个分支的时候，使用 switch 语句要更快一些，更利于代码的组织。switch 语句分支选择的效率高于 if...else...语句，在 IE 浏览器中尤为明显，例如 4 条分支的测试，IE 浏览器下 switch 语句的执行时间约为 if...else...语句执行时间的一半。

使用条件运算符可以替代条件分支，示例代码如下。

```
if(a>b){
    num=a;
}else{
    num=b;
}
```

等效于如下语句。

```
num=a>b?a:b;
```

2. 循环结构

（1）循环结构的 3 个要素

循环初始化：设置循环变量初值。

循环控制：设置继续循环的条件。

循环体：重复执行的语句块。

（2）当型循环结构

当型循环结构用 while 语句，格式如下。

微课 2-14：
循环结构

```
while（条件表达式）{
    语句块
}
```

（3）直到型循环结构

直到型循环结构用 do...while 语句，示例代码如下。

```
do{
    语句块
} while（条件表达式）;
```

（4）计数型循环结构

计数型循环结构用 for 语句，示例代码如下。

```
for(var i=0;i<length;i++){
    语句块
}
```

示例代码如下。

```
var demoArr = ['JavaScript', 'Gulp', 'CSS3', 'Grunt', 'jQuery', 'angular'];
```

计数型循环结构中应避免使用 for(var i=0; i<demoArr.length; i++){} 的方式，因为这样的数组长度每次都被计算，效率低。将变量声明放在 for 的前面来执行，也可以提高阅读性，示例代码如下。

```
var i = 0, len = demoArr.length;
for(; i<len; i++) {};
```

（5）枚举型循环结构

枚举型循环结构用 for...in 语句，示例代码如下。

```
for(var i=0 in array){          或者        for(i in array){
    语句块                                    语句块
}                                         }
```

例如 "for(var item in arr|obj){}"，可以用于遍历数组和对象。

① 遍历数组时，item 表示索引值，arr 表示当前索引值对应的元素 arr[item]。

② 遍历对象时，item 表示 key 值，obj 表示 key 值对应的 value 值 obj[item]。

【例 2-7】循环结构的使用，运行效果如图 2-7 所示，示例代码如下。

```
<script type="text/javascript">
    document.write("======while 循环======", "<br>"); // 这里的 "," 相当于 "+"
    var i=0;
    while(i < 10){
            document.write (i);
            i++;
    }
    document.write("<br>","======do-while 循环====", "<br>");
    var i = 0;
    do{
            document.write (i);
            i++;
    }while(i<= 10);
    document.write("<br>","======for 循环=======", "<br>");
    for (var i = 0; i < 3; i++) {
            document.write(i, "<br>");
    }
    obj = {
            name : "zhangsan",
            age : 18,
            gender : "male"
    };
    document.write("<br>","======for in 循环遍历对象属性=======", "<br>");
    for(var x in obj){
            document.write ( obj[x] );
    };
    document.write("<br>","==for in 循环且过滤掉对象继承的属性==", "<br>");
    for (var key in obj) {                    //要过滤掉对象继承的属性，用 hasOwnProperty()方法来实现
        if (obj.hasOwnProperty(key)) {
            document.write (key, "<br>"); //输出 'name', 'age', 'city'
        }
    }
}
```

```
    document.write("<br>","======for in 循环遍历数组======", "<br>");
//Array 也是对象，它的每个元素的索引被视为对象的属性，因此 for…in 语句可以直接循环输出 Array 的索引：
    var a = ['A','B','C'];
    for(var i in a){
        document.write (i,'.',a[i],"<br>");// document.write (i, "<br>"); // '0' '1' '2'
    }
</script>
```

循环结构示例

======while循环======
0123456789
======do-while循环====
012345678910
======for循环=======
0
1
2

======for in循环遍历对象属性======
zhangsan18male
==for in循环且过滤掉对象继承的属性==
name
age
gender

======for in循环遍历数组=======
0.A
1.B
2.C

图 2-7　循环结构运行效果示例

说明： 使用 while 语句或 do…while 语句以及 for…in 语句时，一定要注意不要遗漏循环初始化部分。使用 for 语句，特别是 for…in 语句，要比 while 语句或 do…while 语句简单一些。

（6）continue 语句

continue 语句只用在循环语句中控制循环体满足一定条件时提前退出本次循环，继续下次循环。

（7）break 语句

break 语句在循环语句中控制循环体满足一定条件时提前退出循环，不再继续该循环。

说明： continue 语句和 break 语句一般都用在循环体内的分支结构语句中，若不在分支结构语句里使用，单独使用这些语句是没有意义的。

注意： 循环语句中应尽量减少循环次数，少一层循环，就能提高数倍性能。如果要对一个数组的每个元素进行多次操作，就尽可能使用一次循环执行多次操作，而不是使用多次循环，每次循环执行一次操作，尤其是在进行多个正则匹配的时候，应尽可能合并
Reg Exp，在一次遍历中应尽可能与找到相应的匹配。

2.6.2　异常处理语句

程序在运行过程中难免会出错，出错后的运行结果往往是不正确的，因此

微课 2-15：异常
处理语句

在运行时，出错的程序通常被强制中止，运行时的错误统称为异常。为了能在错误发生时得到一个处理的机会，JavaScript 提供了异常处理语句 try...catch。编码时通常将可能发生错误的语句写入 try 块的花括号中，并在其后的 catch 块中处理错误。错误信息包含在一个错误对象里，通过 exception 的引用可以访问该对象，进而根据错误对象中的错误信息确定如何处理。

```
try{
    tryStatements        //必选项。可能发生错误的语句序列
}
catch(exception){        //必选项。任何变量名，用于引用错误发生时的错误对象
    catchStatements      //可选项。错误处理语句，用于处理 tryStatements 中发生的错误
}
```

throw 语句允许创建自定义错误，创建或抛出异常。如果把 throw 语句与 try...catch 语句一起使用，就能够控制程序流，并生成自定义的错误消息。

 项目实施

任务 1　项目分析

本项目的内容是实现猜数字游戏，实现图 2-9～图 2-11 所示的猜数字游戏基础功能效果，基本思路如图 2-8 所示。

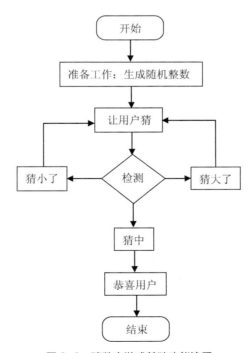

图 2-8　猜数字游戏基础功能流程

任务 2　创建 HTML 文件

<input />为普通的文本框，增加 type="number"属性可以简化代码，不用判断输入内容是否合法。type="number"定义的文本框会自动打开数字输入界面，方便数字的输入，即便有不合法内容输入，如字母等，type="number"的文本框也会自动将其转换为空字符串，空字符串隐式转成 Number 型的值，即为 0，界面提示输入数字偏小，节省了输入验证的代码，而且 HTML5 相关属性在移动端都兼容。创建 game.html 文件，添加元素及内容示例代码如下。

```html
<p>请输入 1 到 100 之间的数字: </p>
<p style="color: green; font-size:28px; font-weight: bolder;">进入数字游戏&dArr;</p>
<div id="info"> </div> <!--用来显示提示信息-->
<input id="myguess" type="number" /><br />
<button id="start" onclick="checknum()"></button>
```

任务 3　添加样式

给页面中的按钮、输入框提示信息的 div 元素及 baby 元素分别添加样式，如设置按钮背景、大小等样式，示例代码如下。

```css
#start {                                          /* 设置图片按钮样式 */
        margin: 16px;
        width: 142px;
        height: 56px;
        cursor: pointer;                          /* 设置鼠标样式为手状 */
        background: url('img/start.gif')  no-repeat; /* 设置背景图片，不重复 */
}
input {                                           /* 设置文本框样式 */
        font-size: 26px;
        height: 50px;
        width: 140px;
        border: solid 2px darkgreen;
}
#info{                                            /* 设置提示信息样式 */
         color:  blue;
}
body {
        text-align: center;                       /* 设置内容居中显示 */
}
```

任务 4　动态效果的实现

利用 Math.random()方法可以获取介于 0（包含）～1（不包含）之间的

微课 2-16：猜数字游戏

一个随机数，例如"Math.random()*100"可以取得介于 0（包含）～100（不包含）之间的一个随机数。Math 对象的 floor(x) 方法可以返回小于等于参数 x 的最大整数，用 floor(x) 方法去除参数 x 的小数部分，加 1 后即得到 1 到 100 之间的随机整数，这个随机整数和文本框获取的数字进行比较（使用 value 属性获取文本框的值），页面效果如图 2-9～图 2-11 所示。
<script></script>标签对中的相应代码如下。

```javascript
var num = Math.floor(Math.random() * 100 + 1);    //产生 1~100 的随机整数
var info = document.getElementById("info");
var myguess = document.getElementById("myguess");//通过 id 属性获取文本框元素
function checknum() {
    var guess = myguess.value;   //通过 value 属性获取文本框元素的值（就是框里的内容）
    if(guess == num) {
        info.innerHTML = "^_^ ,恭喜您，猜对了，幸运数字是: " + num;
    }
    else if(guess < num)    {
        info.innerHTML = "^_^ ,您猜的数字" + guess + "有些小了";
    }
    else    {
        info.innerHTML = "^_^ ,您猜的数字" + guess + "有些大了";
    }
}
```

图 2-9　输入数字偏小时提示界面

图 2-10　输入数字偏大时提示界面

图 2-11　猜测成功时提示界面

任务 5　功能拓展

增加次数说明，使用户了解已经猜测的次数，并且设定给予 10 次机会，超过设定机会次数后按钮不可用。项目页面效果如图 2-1～图 2-5 所示，示例代码如下。

```html
<!DOCTYPE html>
<html>
  <head>
      <meta charset="UTF-8">
      <meta name="viewport" content="width=device-width,initial-scale=1,user-scalable=no" />
      <title>猜数字游戏</title>
      <style>
          #start {
                margin: 16px;
                width: 142px;
                height: 56px;
                cursor: pointer;
                background: url('img/start.gif') no-repeat;
          }
          input {
                width: 140px;
                font-size: 26px;
                height: 50px;
                border: solid 2px darkgreen;
          }
          #info{
                color:  blue
          }
          body {
                text-align: center;
          }
      </style>
  </head>
<body>
      <p>请输入 1 到 100 之间的数字：</p>
      <p style="color: green; font-size:28px; font-weight: bolder;">进入数字游戏&dArr;</p>
      <div id="info"> </div>
      <input id="myguess" type="number" /><br />
      <button id="start" onclick="checknum()"></button>
      <script>
          var num = Math.floor(Math.random() * 100 + 1); //产生 1~100 的随机整数
          var info = document.getElementById("info");
          var myguess = document.getElementById("myguess");
          var i = 0          //记录次数
          function checknum() {
                var guess = myguess.value; //通过 value 属性获取文本框元素的值（就是框里的内容）
                i++;
                if(guess == num) {
```

```
                    info.innerHTML = "^_^ ,恭喜您，猜对了，幸运数字是：" + num;
                    return ;      //猜中返回，后面语句不再执行
                }
            if(guess < num) {
                    info.innerHTML = "^_^ ,第" + i + "次输入，您猜的数字" + guess + "有些小了";
            }
            else {
                    info.innerHTML = "^_^ ,第" + i + "次输入，您猜的数字" + guess + "有些大了";
            }
            if(i >= 10) {
                    info.innerHTML = "您已经没机会了，真遗憾！";
                    document.getElementById("start").disabled=true;  //按钮设为不可用
            }
        }
    </script>
    </body>
</html>
```

单元小结

本单元介绍了 JavaScript 变量的使用、函数的定义与调用、JavaScript 的条件语句和循环语句等相关内容，内容总结如下。

（1）如果 JavaScript 代码存在字母大小写错误，就将导致程序无法正常运行。

（2）JavaScript 常用的数据类型主要包括 String 型、Number 型和 Boolean 型以及特殊数据类型（如转义字符、Undefined 型、Null 型和 NaN 等）。JavaScript 可以自动完成数据类型的转换，以满足语法和程序执行的需要，还允许根据需要进行显式的数据类型转换。

（3）变量是一个存储或者表示数据的名称，它可以存储和表示 JavaScript 中所有类型的数据。变量使用保留关键字 var 声明，JavaScript 是弱类型语言，声明变量时不需要指定变量类型。

（4）函数分为系统函数和自定义函数，自定义函数是命名的语句块，可用于完成特定的功能，需要先创建，再调用，分为有参函数和无参函数。

（5）条件语句有 if…else…语句和 switch 语句。if…else…语句是 JavaScript 中最基本的控制语句之一，它通过判断表达式是否成立有选择地执行代码。switch 语句首先计算表达式的值，然后执行与表达式匹配的 case 语句，更为重要的是，每一个 case 语句后面要根据需要确定是否使用 break 表达式。

（6）循环语句有 for 语句、while 语句、do…while 语句和 for…in 语句。跳出循环语句有 break 语句和 continue 语句，break 语句是跳出整个循环，continue 语句是跳出单次循环。

（7）异常处理语句是一种功能强大的逻辑控制语句，可以用于程序中的错误处理，以避免程序因为发生错误而无法运行。另外，异常处理语句还可以处理根据需要定制的"异常"。

课后训练

【理论测试】

1. 在 JavaScript 中，'1555'+3 的运行结果是（   ）。

    A. 1558　　　　B. 1552　　　　　C. 15553　　　　D. 1553

2. 下面的等式成立的是（   ）。

    A. parseInt(12.5) == parseFloat(12.5)

    B. Number('') == parseFloat('')

    C. isNaN('abc') == NaN

    D. typeof NaN === 'number'

3. 以下代码运行后弹出的结果是（   ）。

```
var a = 888;
++a;
alert(a++);
```

    A. 888　　　　B. 889　　　　　C. 890　　　　D. 891

4. 以下变量名，哪个符合命名规则？（   ）

    A. with　　　　B. _abc　　　　C. a&bc　　　　D. 1abc

5. 执行"var x = 1; function fn(n){n = n+1}; y = fn(x);"，y 的值为（   ）。

    A. 2　　　　　B. 1　　　　　C. 3　　　　　D. Undefined

6. 如下关于 JavaScript 的数据类型转换说法正确的是（   ）。

    A. parseInt("66.6s")的返回值是 7

    B. parseInt("66.6s")的返回值是 NaN

    C. parseFloat("66ss36.8id")的返回值是 36

    D. parseFloat("66ss36.8id")的返回值是 66

7. 在 JavaScript 中，如下关于函数的说法错误的是（   ）。

    A. 函数是独立主程序，是具有特定功能的一段语句块

    B. 函数的命名规则和变量名的命名规则相同

    C. 函数必须使用 return 语句

    D. 函数调用时直接用函数名，并给形参赋值

8. 要是有函数定义"function f(x,y){…}"，那么以下正确的函数调用是（   ）。

    A. f1,2　　　　B. (1)　　　　C. f(1,2)　　　　D. f(,2)

9. 在 JavaScript 函数定义格式的各组成部分中，（　　）是可以省略的。

    A. 函数名　　　　B 一对圆括号　　　　C. 函数体　　　　D. 函数参数

10. 在 JavaScript 中，定义函数时可以使用（　　）个参数。

    A. 0　　　　　　B. 1　　　　　　　C. 2　　　　　　D. 任意

11. 在 JavaScript 中，要定义一个全局变量 x，可以（　　）。

    A. 使用保留关键字 public 在函数中定义

    B. 使用保留关键字 public 在任何函数之外定义

    C. 使用保留关键字 var 在函数中定义

    D. 使用保留关键字 var 在任何函数之外定义

12. 在 JavaScript 中，要定义一个局部变量 x，可以（　　）。

    A. 使用保留关键字 private 在函数中定义

    B. 使用保留关键字 private 在任何函数之外定义

    C. 使用保留关键字 var 在函数中定义

    D. 使用保留关键字 var 在任何函数之外定义

【实训内容】

1. 动态输入矩形的长和宽，计算输出矩形的周长和面积。要求指定数字精度。（可以尝试多种方案，如使用 parseFloat() 函数或数据类型的隐式转换）

微课 2-17：矩形
周长和面积的
计算

2. 体脂率是指人体内脂肪重量占人体总体重的比例，又称体脂百分数，它反映人体内脂肪含量的多少。正常成年人的体脂率分别是男性 15%～18% 和女性 25%～28%。

体脂率可通过 BMI 算法计算得出。BMI 算法如下。

① BMI=体重（公斤）÷（身高×身高）（米）。

② 体脂率=1.2×BMI+0.23×年龄-5.4-10.8×性别（男为 1，女为 0）。

编写程序，询问用户的性别、年龄、体重、身高，利用公式计算出体脂率。

单元 3
常用内置对象

项目导入

JavaScript 内置对象应用非常广泛，JavaScript 常用的内置对象包括 Array 对象、Date 对象、Math 对象、String 对象以及 RegExp 对象。本单元的项目任务是掌握 Array 对象和 Math 对象以及结合定时器实现数字跳动展示、转动抽奖等动态效果，利用 Date 对象实现页面中常见的动态日期显示效果，使用 Date 对象实现猜数字游戏的计时功能，使用 String 对象及 RegExp 对象来实现表单的验证。

职业能力目标和要求	
	了解提供数组模型、存储大量有序数据的 Array 对象。
	掌握 Array 对象常用属性的访问和常用方法的使用，理解 JavaScript 数组的动态性。
	能够实现数组的新建，实现数组元素的插入、删除、替换及数组的合并。
	能够实现数组的输出及二维数组的遍历。
	能够运用定时器函数实现 Web 页面特效。
	能够动态改变元素的样式。
	了解处理日期和时间的存储、转换和表达的 Date 对象。
	掌握 Date 对象的常用方法和属性的访问，能够使用 Date 对象实现各种形式的日期展示。
	了解处理数学运算的 Math 对象，掌握 Math 对象的常用方法和属性的访问。
	能够使用 Math 对象实现数学运算。
	了解处理字符串操作的 String 对象，掌握 String 对象的常用方法和属性的访问。
	了解 RegExp 对象，掌握 RegExp 对象的常用方法的访问。
	能够实现表单的简单验证和严谨验证。

项目 3-1 描述：实现中国体育彩票 11 选 5 的数字跳动展示效果

本项目将实现中国体育彩票 11 选 5 的功能效果，随机生成 5 个不重复的数字（数字范围为 1~11）作为开奖号码，效果如图 3-1 和图 3-2 所示。本项目利用定时器实现号码定时显示和切换跳动效果。

图 3-1　号码切换跳动效果

图 3-2　开奖号码展示效果

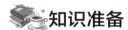 知识准备

3.1　Array 对象

Array 对象使用单独的变量名来存储一系列的值，在内存（堆内存）中表现为一段连续的内存地址。创建数组的根本目的就是保存更多的数据。数组是 Object 型，Array 对象使用单独的变量名来存储一系列的值，有多种预定义的方法，可以方便程序员使用。

3.1.1　新建数组

微课 3-1：新建
JavaScript 数组

1. 创建数组

创建数组的方法有很多，使用数组之前，传统的方法是使用内建的构造器声明，用保留关键字 new 新建一个 Array 对象，进而创建不同的数组。

（1）第一种：新建一个长度为 0 的数组，语法格式如下。

```
var 变量名=new Array( );
```

示例代码如下。

```
var myArray=new Array( );
```

（2）第二种：新建一个指定长度为 n 的数组，语法格式如下。

```
var 变量名=new Array(n);
```

分别为数组元素赋值，示例代码如下。

```
myColor=new Array(3);
myColor[0]= "红色";
myColor[1]= "绿色";
myColor[2]="蓝色";
```

注意：在 JavaScript 中可以通过指定数组名以及索引号码访问某个特定的元素，或为数组元素赋值，数组的索引号码是从 0 开始的。

其语法格式如下。

```
数组变量[i]=值
```

取值的语法格式如下。

```
变量名=数组变量[i]
```

（3）第三种：新建一个指定长度的数组并赋值，语法格式如下。

```
var 变量名=new Array(元素 1,元素 2,元素 3,…);
```

示例代码如下。

```
var myColor=new Array("红色","绿色", "蓝色");
```

上述创建方式在技术上是没问题的，但是使用字面值声明，不但速度会更快，而且代码更少，示例代码如下。

```
var arr = ["one", "two", "three"];
```

2．为数组元素赋值

JavaScript 中数组元素通过下标序列来识别，这个下标序列从 0 开始计算。数组的下标可以引用数组元素，为数组元素赋值，其语法格式如下。

```
数组变量[i]=值
```

取值的语法格式如下。

```
变量名=数组变量[i]
```

3.1.2　Array 对象的常用属性与方法

1．Array 对象中的 length 属性

数组只有一个 length 属性，表示数组所占内存空间的大小，而不仅仅是数组中元素的个数，改变数组的长度可以扩展或者截取数组所占内存空间的大小。

（1）增加数组的长度

JavaScript 数组的长度可以通过 length 属性增加，语法格式如下。

```
数组变量[数组变量.长度]=值;
```

微课 3-2：Array
对象的常用属性
与方法

例如有一个长度为 4 的数组 myColor，下述语句可使该数组的长度增加为 5。

```
myColor[4]= "黄色"; 或: myColor[myColor.length]= "黄色";
```

还可以指定超出数组长度的整数为索引并赋值，示例代码如下。

```
var aFruit = ["apple","pear","peach"];
aFruit[20] = "orange";
alert(aFruit.length + " " + aFruit [10] + " " + aFruit [20]); //输出 21 undefined orange
```

（2）减少数组的长度

用 length 属性可以清空数组，同样还可用它来截断数组，示例代码如下。

```
aFruit.length=0; //清空数组
aFruit.length=2; //截断数组
```

（3）遍历 Array 对象

基于 Array 对象中的 length 属性，可以使用 for 语句对其进行遍历操作，示例代码如下。

```
var aFruit = ["apple","pear","peach"];
len= aFruit.length;
for (var i = 0; i < len; i++) {
        document.write (aFruit [i] +'<br>');
}
```

使用 for...in 语句也可以对数组进行遍历操作，基本语法格式如下。

```
for(var i in 数组) {}
```

在每次循环时，系统会自动将当前数组的索引下标放入变量 i 中，示例代码如下。

```
var aFruit = ["apple","pear","peach"];
for (var i in aFruit) {
        document.write (aFruit [i] +'<br>');
}
```

2. Array 对象的常用方法

数组的一些常用方法及示例如表 3-1 所示。下面重点讲解 splice()方法和 concat()方法。假设定义以下数组，示例代码如下。

```
var a1=new Array("a","b","c");
var a2=new Array("y "," x ","z");
```

表 3-1　数组的常用方法及示例

方法名称	意义	示例
toString()	把数组转换成一个字符串	var s=a1.toString()，结果 s 为 a,b,c
join(分隔符)	把数组转换成一个用符号连接的字符串	var s=a1.join("+")，结果 s 为 a+b+c
shift()	将数组头部的第一个元素移出	var s=a1.shift()，结果 s 为 a

续表

方法名称	意义	示例
unshift()	在数组的头部插入一个元素	a1.unshift("m","n")，结果 a1 中为 m,n,a,b,c
pop()	从数组尾部删除一个元素，返回移除的项	var s=a1.pop()，结果 s 为 c
push()	把一个元素添加到数组的尾部，返回修改后数组的长度	var s=a1.push("m","n")，结果 a1 为 a,b,c,m,n 同时 s 为 5
concat()	合并数组	var s=a1.concat(a2)，结果 s 为 a,b,c,y,x,z
slice()	返回数组的部分	var s=a1.slice (1,3)，结果 s 为 b,c
splice()	删除、插入或者替换一个数组元素	a1.splice(1,2)，结果 a1 为 a
sort()	对数组进行排序操作（默认按字母升序）	a2.sort()，结果 a2 为 x,y,z
reverse()	将数组反向排序	a2. reverse()，结果 a2 为 z,y,x

（1）splice()

```
array.splice(index,howmany,item1,…,itemX)
```

splice()方法是修改数组的万能方法，主要用途是向数组的中部插入项。其中 index 为必需参数，是开始删除和（或）插入的数组元素的下标，必须是数字；howmany 为必需参数，规定应该删除多少元素，必须是数字，但可以是"0"，如果未规定第二个参数 howmany，就删除从 index 开始到原数组结尾的所有元素；item1,…,itemX 为可选参数，是要添加到数组的新元素。

删除：splice()方法可以删除任意数量的项，只需指定两个参数，示例代码如下。

```
splice(0,2)  // 删除数组中的前两项。只删除，不添加，返回被删除的元素
```

插入：splice()方法可以向指定位置插入任意数量的项，只需提供起始位置、0（要删除的项数为 0 个）和要插入的项 3 个参数。如果插入多个项，可以再传入第 4、第 5 或更多个参数，示例代码如下。

```
splice(2,0,"red","green")      // 只添加，不删除，返回[]，因为没有删除任何元素
```

替换：splice()方法可以向指定位置插入任意数量的项。同时删除任意数量的项，只需指定起始位置、要删除的项数和要插入的项（插入的项不必要和删除的项数量相等），示例代码如下。

```
splice(2,1,"red","green")//删除数组位置 2 的项，然后从 2 的位置插入字符串"red"和"green"。
```

splice()方法实现元素替换的完整示例代码如下。

```
var arr = ['Microsoft', 'Apple', 'Yahoo', 'AOL', 'Excite', 'Oracle'];
// 从索引 2 开始删除 3 个元素，然后再添加两个元素
var s = arr.splice(2, 3, 'Google', 'Facebook');
//s 是 splice()方法返回的被删除的元素['Yahoo', 'AOL', 'Excite']
// arr 的值是['Microsoft', 'Apple', 'Google', 'Facebook', 'Oracle']
```

（2）concat()方法

该方法可把当前的数组和另一个数组连接起来，并返回一个新的数组，示例代码如下。

```
var arr = ['A', 'B', 'C'];
var added = arr.concat([1, 2, 3]); // added 的值是: ['A', 'B', 'C', 1, 2, 3]; arr 的值是: ['A', 'B', 'C']
```

注意：concat()方法并没有修改当前数组，而是返回了一个新数组。实际上，concat()方法可以接收任意个元素和数组，并且自动把数组拆开，然后全部添加到新数组里，示例代码如下。

```
var arr = ['A', 'B', 'C', 1, 2, 3];
var added = arr.concat(1, 2, [3, 4]);          // added 的值是["A,B,C,1,2,3,1,2,3,4"]
```

【例 3-1】数组元素的引用与属性、方法的使用，示例代码如下。

```
<script >
        var aFruit = ["apple","pear","peach","orange"];
        document.write (aFruit+'<br>');                //输出 apple,pear,peach,orange
        document.write (aFruit.reverse().toString());   //输出 orange,peach,pear,apple
        var sFruit = "apple,pear,peach,orange";
        var aFruit = sFruit.split(",");
        document.write (aFruit.join("--"));             //输出 apple--pear--peach--orange
</script >
```

【例 3-2】数字排序，必须用一个函数作为参数来调用，示例代码如下。

```
<script >
        var points = [40,100,1,5,25,10];
        document.write (points+'<br>');
        points.sort(function(a,b){return a-b});
        document.write (points+'<br>');         //输出 1,5,10,25,40,100
        var points = [40,100,1,5,25,10];
        points.sort(function(a,b){return b-a});
        document.write (points+'<br>');         //输出 100,40,25,10,5,1
</script >
```

【例 3-3】实现中国体育彩票 11 选 5 基础版：随机生成 1～11 不重复的 5 个数作为开奖号码，效果如图 3-2 所示。编写 add()函数并添加数组元素为随机数，函数中使用 for...in 语句遍历数组，新随机数如果和数组中已有的数据重复，就使用 return 语句返回，该数组中不存储重复的数。循环调用函数直到数组长度为 5，并使不足 10 的数字补 0，最后使用 toString()方法或 join()方法输出数组。示例代码如下。

微课 3-3：体彩 11 选 5 的实现（方案 1）

```
<!DOCTYPE html>
<html>
  <head>
    <meta charset="UTF-8">
    <meta name="viewport" content="width=device-width,initial-scale=1,user-scalable=no"/>
    <title>中国体育彩票</title>
    <style type="text/css">
        img{width: 100%;}
    </style>
```

```
    </head>
    <body>
        <img src="img/tc.png"/>
        <script>
        var arr=[];
        function add(){
            number=Math.floor(Math.random()*11+1);
            for(x in arr) {
                    if(arr[x] == number) {
                            return;
                    }
            }
            if(number <10) {
                            number = '0' + number;  //不足 10 的数字前补 0
            }
            arr.push(number)
        do{
            add();
         }while(arr.length<5);
        // for(var i=0;arr.length<5;i++){   //for 语句可以实现同样效果
        //         add();
        // }
        //join()方法输出数组
         document.write("<h2 style='color: firebrick;'>本期幸运号码: ",arr.join(" "),"</h2>");
//输出数组
        </script>
    </body>
</html>
```

注意：可以使用 for 语句实现同样效果，即用如下代码替换上面的 do…while 语句。

```
for(var i=0;arr.length<5;i++){
add()
}
```

3.1.3　二维数组

二维数组是在一维数组的基础上定义的，即当数组的元素都是一维数组时，该数组就是二维数组，示例代码如下。

```
var submenus =new Array();
submenus[0]= [];
submenus[1]= ["建设目标","建设思路","培养队伍"];
submenus[2]= ["负责人","队伍结构","任课教师","教学管理","合作办学"];
```

以上的代码也可以等价表示为下列代码。

```
var submenus =new Array(
  new Array(),
  new Array("建设目标","建设思路","培养队伍"),
  new Array("负责人","队伍结构","任课教师","教学管理","合作办学"));
```

以上代码还可以写成如下代码形式。

```
var submenus =[[] ,["建设目标","建设思路","培养队伍"], ["负责人","队伍结构","任课教师","教学管理","合作办学"]];
```

二维数组的元素必须使用数组名和两个下标来访问，第一个为行下标，第二个为列下标，格式如下。

二维数组名[行下标][列下标]

数组元素的下标不能出界，否则会显示"undefined"。

【例 3-4】使用二维数组的数据访问实现试题展示，页面效果如图 3-3 所示，示例代码如下。

微课 3-4：二维数组的数据访问实现试题展示

```
布局：<h3>试题展示</h3>
      <div id="tmshow"></div><!--放在<script></script>标签对的前面-->
功能：<script >
          var questions = new Array();  //定义问题数组，用以存储题目
          var questionXz = new Array();  //定义选项数组，用以存储题目选项
          var answers = new Array();   //定义答案数组，用以存储题目答案
          questions[0] = "下列选项中(  )可以用来检索下拉列表框中被选项目的索引号。";
          questionXz[0]=["A. selectedlndex","B. options","C. length","D. size"];
          answers[0]='A';              //问题的答案
          questions[1] = "在 JavaScript 中(  )方法可以对数组元素进行排序。";
          questionXz[1]=["A. add()","B. join()","C. sort()","D. length()"];
          answers[1] = "C";
          tmshow =document.getElementById("tmshow");
          var len= questions.length;
            for (var i = 0; i < len; i++) {
                tmshow.innerHTML+= i+1+"."+questions[i]+"<br />";
                tmshow.innerHTML+=questionXz[i][0] + "<br />";
                tmshow.innerHTML+=questionXz[i][1] + "<br />";
                tmshow.innerHTML+=questionXz[i][2] + "<br />";
                tmshow.innerHTML+=questionXz[i][3] + "<br />";
                tmshow.innerHTML+="答案是"+answers[i]+ "<br />";
            }
      </script>
```

样式代码如下。

```
#tmshow {
    color: blue;
```

```
    margin: 20px;
    line-height: 26px;
    font-size: 20px;
}
```

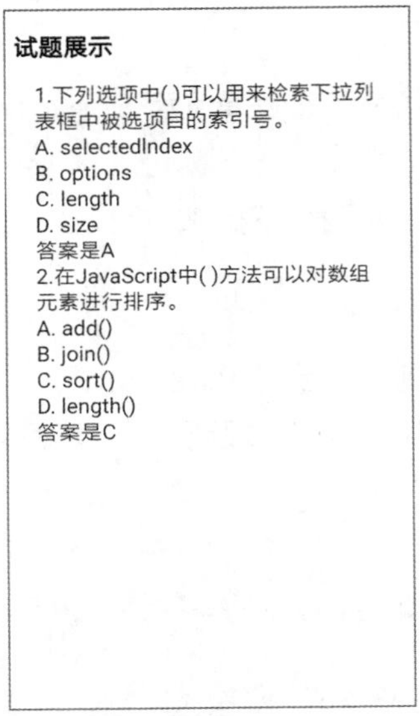

试题展示

1.下列选项中( )可以用来检索下拉列
表框中被选项目的索引号。
A. selectedIndex
B. options
C. length
D. size
答案是A
2.在JavaScript中( )方法可以对数组
元素进行排序。
A. add()
B. join()
C. sort()
D. length()
答案是C

图 3-3　二维数组元素的访问

JavaScript 代码循环部分也可以采用双层 for 语句实现，示例代码如下。

```
for(var i=0;i< len;i++){
    tmshow.innerHTML+=i+1+"."+questions[i]+"<br/>";
    for(var j=0;j<questionXz[i].length;j++){
        tmshow.innerHTML+=questionXz[i][j]+"<br/>";
    }
    tmshow.innerHTML+="答案是"+answers[i]+ "<br/>"
}
```

3.2　Math 对象

JavaScript 的 Math 对象提供了大量的数学常数和数学函数，利用 JavaScript 的 Math 对象可以很方便地实现各种计算功能。

3.2.1　使用 Math 对象

Math 对象使用时不需要用保留关键字 new，可以直接调用。例如，使用数学常数圆周率 π 计算圆面积，示例代码如下。

```
var r=5;
var area=Math.PI*Math.pow(r,2);          //π*r*r
```

如果语句中需要大量使用 Math 对象，就可以使用 with 语句来简化程序。上述计算圆面积的示例代码则可以简化如下。

```
with(Math){
    var r=5;
    var area=PI* pow(r,2) ;
}
```

3.2.2　Math 对象的属性与方法

访问 Math 对象属性的语法格式如下。

```
Math.属性名
```

调用 Math 对象方法的语法格式如下。

```
Math.方法名(参数 1,参数 2,…)
```

Math 对象的属性与方法如表 3-2 所示。

表 3-2　Math 对象的属性与方法

属性与方法名称	意义	示例
E	欧拉常量，自然对数的底	约等于 2.71828
LN2	2 的自然对数	约等于 0.69314
LN10	10 的自然对数	约等于 2.30259
LOG2E	2 为底 e 的自然对数	约等于 1.44270
LOG10E	10 为底的 e 的自然对数	约等于 0.43429
PI	π	约等于 3.14159
SQRT1_2	0.5 的平方根	约等于 0.70711
SQRT2	2 的平方根	约等于 1.41421
abs(x)	x 的绝对值	abs(5)结果为 5，abs(-5)结果为 5
sin (x)	x 的正弦，返回值以弧度为单位	Math.sin(Math.PI*1/4)结果为 0.70711
cos (x)	x 的余弦，返回值以弧度为单位	Math.cos(Math.PI*1/4)结果为 0.5
tan (x)	x 的正切，返回值以弧度为单位	Math.tan(Math.PI*1/4)结果为 0.99999
ceil(x)	与某数相等，或大于概数的最小整数	ceil(-18.8)结果为-18；ceil(18.8)结果为 19
floor(x)	与某数相等，或小于概数的最小整数	floor (-18.8)结果为-19；floor (18.8)结果为 18
exp(x)	e 的 x 次方	exp(2) 结果为 7.38906
log(x)	某数的自然对数（以 e 为底）	log(Math.E) 结果为 1
min (x,y)	x 和 y 两个数中较小的数	min (2,3) 结果为 2

续表

属性与方法名称	意义	示例
max(x,y)	x 和 y 两个数中较大的数	max (2,3) 结果为 3
pow(x,y)	x 的 y 次方	pow(2,3) 结果为 8
random()	0（包含）~1（不包含）之间的一个随机数	0.0860156142652928
round (x)	四舍五入取整	round (5.3) 结果为 5
sqrt (x)	x 的平方根	sqrt (9) 结果为 3

3.2.3　数字的格式化与产生随机数

利用 JavaScript 的 Math 对象还可以实现数字的格式化和在指定范围内生成随机数。

1. 数字的格式化

数字格式化指的是将整数或浮点数按指定的格式显示，例如 2568.5286 可以按不同的格式要求显示，示例如下。

```
保留两位小数: 2568.53
保留三位小数: 2568.529
```

数字格式化通常采用 Math 对象的 round(x)方法实现，示例代码如下。

```
Math.round(aNum*Math.pow(10,n))/Math.pow(10,n) ;   //保留 n 位小数
```

这种方法用于需要保留的位数少于或等于原数字的小数位数的情况，截取小数位数时采用四舍五入的方法，示例代码如下。

```
var aNum=2568.5286;
var r1=Math.round(aNum*100)/100 ;           //保留 2 位小数
var r2=Math.round(aNum*1000)/1000;          //保留 3 位小数
```

也可以用 toFixed(n)方法来实现数字的四舍五入，其中 n 为要保留的小数位数。2.1.1 中有 toFixed()方法计算精度的介绍。

2. 产生随机数

产生 0~1 的随机数可以直接使用 Math.random()函数。

产生 0~n 的随机数可以使用的方法如下。

```
Math.floor(Math.random()*(n+1))
```

产生 n1~n2（其中 n1 小于 n2）范围内的随机数的方法如下。

```
Math.floor(Math.random()*(n2-n1))+n1
```

3.2.4　定时器函数

JavaScript 定时器函数有以下两个。

微课 3-5：定时器
函数

1. setInterval()定时器函数

使用 setInterval()定时器函数实现定时器，该方法按照指定的周期（以毫秒计）来调用函数或计算表达式且会不停地调用函数，直到 clearInterval()函数被调用或窗口被关闭。setInterval()定时器函数用法示例代码如下。

```
setInterval ("调用函数","周期性执行代码之间的时间间隔")
function hello(){ alert("hello"); }
```

重复执行某个方法，示例代码如下。

```
var t1= window.setInterval("hello()",3000);
```

去掉定时器的方法，示例代码如下。

```
window.clearInterval(t1);
```

或

```
clearInterval(t1);
```

2. setTimeout()定时器函数

使用 setTimeout()定时器函数实现定时器，该方法在指定的毫秒数后调用函数或计算表达式，用法如下。

```
setTimeout("调用函数","在执行代码前需等待的毫秒数。")
```

例如只执行一次，3 秒后显示一个警告框，语句如下。

```
var t=setTimeout(function(){alert("Hello")},3000)
```

实现循环调用需要把 setTimeout()定时器函数写在被调用函数里面，示例如下。

```
function show(){
    alert("Hello");
    var myTime = setTimeout("show()",1000);
}
show();
```

关闭定时器的方法如下。

```
clearTimeout(myTime);
```

其中，myTime 为 setTimeout()定时器函数返回的定时器对象。

3.2.5 Math 对象应用案例

下面介绍如何利用 JavaScript 的 Math 对象和定时器实现跳动的随机点名器及转动抽奖效果。

【例 3-5】跳动的随机点名器，页面效果如图 3-4～图 3-6 所示，示例代码如下。

```
<!DOCTYPE html>
  <html>
    <head>
```

```html
<meta charset="UTF-8">
<title>随机点名器</title>
<meta name="viewport" content="width=device-width,initial-scale=1,user-scalable=no" />
<style type="text/css">
        body{
           text-align: center;
        }
        #box {
           font-size: 45px;
           color: #138eee;
           margin: 100px auto;
           font-weight: bold;
        }
        h1 {
           margin-top: 50px;
           color: blueviolet;
           text-shadow: 0.1em 0.1em 0.05em #CCC
        }
        #bt {
           background-color: #007AFF;
           width: 260px;
           height: 60px;
           color: white;
           font-size: 26px;
        }
    </style>
</head>
<body>
    <h1>随机点名器</h1>
    <div id="box">亲，点名了哈</div>
    <button id="bt" onclick="doit()">开始点名</button>
    <script type="text/javascript">
    var namelist=["张三","李四","王五","贺六","孙九","赵十","刘一"];
    var mytime=null;
    var bt= document.getElementById("bt");
    var box= document.getElementById("box");
    function doit(){
            if(mytime==null){
                bt.innerHTML="停止点名";
                mytime=setInterval("show()",20);
            }else{
                bt.innerHTML="开始点名";
                clearInterval(mytime);
                mytime=null;
            }
```

```
            }
            function show(){
                var num=Math.floor(Math.random()*namelist.length);
                box.innerHTML=namelist[num];
            }
        </script>
    </body>
</html>
```

图 3-4　随机点名器初始界面　　　　图 3-5　名字跳动时效果　　　　图 3-6　随机点名器停止跳动时效果

【例 3-6】抽奖功能的实现，单击抽奖按钮，奖项转动，随机停留在某一区域，并显示对应的结果，页面效果如图 3-7～图 3-9 所示，示例代码如下。

```
<!DOCTYPE html>
<html>
    <head>
        <meta charset="UTF-8">
        <meta name="viewport" content="width=device-width,initial-scale=1,user-scalable=no" />
        <title>抽奖</title>
        <style type="text/css">
            body, ul, li {
                margin: 0;
                padding: 0;
            }
            #info {
                position: absolute;
                text-align: center;
                font-size: 36px;
```

```
                    font-weight: bolder;
                    top: 10px;
                    left: 30%;
                    color: #FAE309;
            }
            #content li {
                    list-style-type: none;
            }
            #content {
                    position: absolute;
                    width: 370px;
                    height: 361px;
                    bottom: 50px;
            }
            #content li, #begin {
                    position: absolute;
                    width: 123px;
                    height: 120px;
                    font-size: 20px;
                    font-weight: 900;
                    line-height: 120px;
                    text-align: center;
                    color: #FAFAFA;
            }
            #content li.current {
                    background: url(img/z.jpg);
            }
            #begin {
                    left: 123px;
                    bottom: 170px;
                    background: url(img/lottery2.jpg);
            }
            img {
                    width: 100%;   // 设置图片显示比例
            }
    </style>
</head>
<body>
    <div id="info"> </div>
    <ul id="content">
            <li style="left:0;top:0;">再接再厉</li>
            <li style="left:123px;top:0;">一等奖:五折</li>
            <li style="left:246px;top:0;">三等奖:九折</li>
```

```
            <li style="left:246px;top:120px;">二等奖:七折</li>
            <li style="left:246px;top:240px;">再接再厉</li>
            <li style="left:123px;top:240px;">三等奖:九折</li>
            <li style="left:0;top:240px;">二等奖:七折</li>
            <li style="left:0;top:120px;">三等奖:九折</li>
        </ul>
        <a href="javascript:void(0);" id="begin"></a>
        <img src="img/cj2.jpg" />
        <script src="cj.js"></script>
    </body>
</html>
```

图 3-7　抽奖前效果图

图 3-8　抽奖时转动效果

图 3-9　转动停止显示抽奖结果

cj.js 中的代码实现了抽奖时的转动效果，并在转动停止时显示抽奖结果。【例 3-6】使用了 IIFE，这在单元 2 中有所介绍，第一对圆括号内容(function($){…})是一个表达式，它的计算结果是一个函数对象，后面跟着一对圆括号内容，圆括号内容的参数是 function(id){return document.get ElementByld(id)}，封装了通过 id 属性获取的 DOM 元素。示例代码如下。

```
(function($){
    var list = $('content').children, len = list.length, begin = $('begin'), index = 0, interval
= null;
    begin.onclick = function(){
        $('info').innerHTML= "";
        if(this.running)return;
        this.running = true;
        this.remain = 3000 + Math.random() * 5000;
```

```
            interval = setInterval(function(){
                  if( begin.remain < 200 ){
                        begin.running = false;
                        $('info').innerHTML=list[index].innerHTML;
                        clearInterval(interval);
                  }else{
                        list[index].className = "";
                        list[(index+1) % len].className = "current";
                        index = ++index % len;
                        begin.remain -= 100;
                  }
            },100);
      };
})(function(id){return document.getElementById(id)});
```

项目 3-1 实施

任务 1　项目分析

　　本项目将实现中国体育彩票 11 选 5 中数字跳动展示的抽奖页面效果。使用 JavaScript 内置对象实现体彩 11 选 5 的开奖号码展示，页面效果如图 3-1 和图 3-2 所示。

微课 3-6：体彩
11 选 5 的实现
（方案 2）

任务 2　页面布局的实现

　　在页面中放入体彩 logo 的图片，放入 id 属性值为 "box" 和 "lucky" 的 DOM 元素，此时页面效果如图 3-10 所示，示例代码如下。

```
<img src="img/tc.png" />
<div id="box">开奖了! </div>  <!--用来展示跳动数字元素-->
<h2 id="lucky"></h2>          <!--用来展示开奖号码元素-->
```

任务 3　添加样式

　　给页面中的文字添加样式，设置显示跳动文字和开奖号码的样式，使之清晰可见，使小的"开奖了"文字变成大的蓝色字体，页面效果如图 3-11 所示，样式的示例代码如下。

```
img{
    width: 100%;
}
#box{font-weight: bolder;
```

```
        text-align: center;
        color: blue;
        font-size: 60px;
    }
    #lucky{
        color: darkred;
    }
```

图 3-10　无样式时效果

图 3-11　添加样式后效果

任务 4　动态效果的实现

1. 初始化数据

在<script></script>标签对内定义号码序列数组和开奖数组，获取 DOM 元素，赋给变量 box 和变量 lucky。页面中 id 属性值为"box"的 DOM 元素"<span id="box">开奖了！</span>"用来展示跳动数字元素，使用 getElementById()方法就可以获取这个 DOM 元素，把它赋给变量 box；页面中 id 属性值为"lucky"的 DOM 元素"<h2 id="lucky"></h2>"用来展示开奖号码元素，可以用同样的方式获取这个 DOM 元素，把它赋给变量 lucky，示例代码如下。

```
var list = ['01','02','03','04','05','06','07','08','09','10','11'];//初始化变量
var ar = [];                                          //空数组 ar 用来存储开奖号码
var box = document.getElementById("box");             //获取用来展示跳动数字的元素
var lucky = document.getElementById("lucky");         //获取用来展示开奖号码的元素
```

2. 随机整数的实现

要想实现随机选出 5 个不同数字的效果，可以使用 Math 对象来实现随机整数。例如 Math 对象的 random()方法可以返回 0（包含）～1（不包含）之间的一个随机数，可以等于 0，也可以无限接近于 1，如 0.7671284751250063；Math.random()*11 可以获取介于 0（包含）～

11（不包含）之间的一个随机数，可以等于 0，也可以无限接近于 11，如 7.671284751250063。

Math 对象的 floor(x)方法可以返回小于等于 x 的最大整数。要是传递的参数是一个整数，那么该返回值不变。Math.floor(Math.random()*11)可以取得介于 0 和 10 之间的一个随机整数。多次调用 floor(X)方法就会生成多个整数，这些整数很可能会重复，如图 3-12 所示，而本项目要求生成不重复的 5 个数字，问题怎么解决呢？

图 3-12　随机生成多个数字可能重复

3．不重复随机号码的实现

使用存储大量有序数据的 Array 对象，利用 JavaScript 数组的动态性来实现数组元素的添加和删除，进而实现产生不重复随机号码。数组 list 存放 01 到 11 这样 11 个号码，把随机整数作为数组索引，通过随机整数索引访问随机的数组元素，用数组 ar 存储开奖号码。

将原表达式"Math.floor(Math.random()*11);"中的 11 换成 list.length，将表达式的值赋给变量 num，即"var num = Math.floor(Math.random() * list.length);"，其中 list.length 是数组的实际长度，每删除一个元素，数组的长度就会减 1，list 数组长度开始是 11，如果依次输出的号码是 08、06、02、10、07，就会依次删除这 5 个号码，数组的 length 属性的值就会依次变为 10、9、8、7、6。

比如，如果 num 的值为 7，对应数组元素是 08 这个号码，页面中就会输出 08 这个号码，使用 push 方法向存放开奖号码的数组增加元素 08，用 splice(num,1)方法删除 list 数组中索引为 7 的元素 08。这时 list 数组长度就变成了 10，内容为 01 到 07 和 09 到 11 这样的 10 个号码，如图 3-13 所示。再次调用这行代码，就在更新过的数组里抽取元素，排除了已输出的开奖号码，输出下一个开奖号码，再删除 list 数组中对应的元素，直到 5 个不重复的号码全部输出。

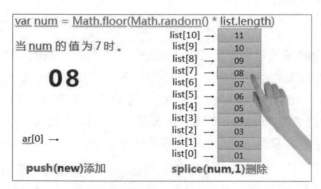

图 3-13　理解数组的动态性（插入和删除）

4．实现随机号码的输出

变量 box 的 innerHTML 属性赋值为随机的数组元素，这样随机号码就显示在页面中了。用 show()函数封装这段代码，这样每次调用 show()函数就会显示出一个随机号码，示例代码如下。

```
function show() {
    var num = Math.floor(Math.random() * list.length);
```

```
        box.innerHTML = list[num];        //显示随机号码
}
```

5. 提示信息"开奖了！"展示 1 秒后再显示随机号码

提示"开奖了！"1 秒之后随机号码才显示在页面的效果是由定时器实现的，定时器还可以实现号码的跳动切换效果。

变量 box 的初始内容设为"开奖了！"，这里使用 setTimeout()定时器函数来实现 1 秒后调用 show()函数，第一个参数是要调用的 show()函数，第二参数是多长时间后调用，以毫秒为单位，这里设置为 1000 毫秒，也就是 1 秒，实现"开奖了！"显示 1 秒后调用 show()函数显示随机号码的语句为"setTimeout("show()", 1000);"，show()函数定义及调用的示例代码如下。

```
function show() {
        var num = Math.floor(Math.random() * list.length);
        box.innerHTML = list[num];        //显示随机号码
}
setTimeout("show()", 1000);        //1 秒后调用 show()函数
```

6. 实现随机号码的跳动切换

要想多次实现号码跳动切换的效果，需要在 show()函数内调用 setTimeout()定时器函数。在 show()函数内增加语句"var myTime = setTimeout("show()",100);"，这样每 0.1 秒就会调用一次 show()函数切换成新的随机号码。这时就可以看到号码在不停切换，show()函数代码更改如下。

```
function show() {
        var num = Math.floor(Math.random() * list.length);
        box.innerHTML = list[num];        //显示随机号码
        var myTime = null;
        myTime = setTimeout("show()", 100);//跳动切换
}
```

7. 停止跳动切换并输出开奖号码

通过计数可以控制切换的次数，计数达到一定的次数就关闭定时器，停止切换，开奖号码数组增加此元素（停止切换时的号码），原 list 数组删除此元素，然后输出开奖号码。

使用 clearTimeOut(myTime)函数关闭定时器，阻止 setTimeout()定时器函数执行，参数是 setTimeout()定时器函数调用时所使用的变量。

定义全局变量 count，用来计数，控制切换的次数，初始值为 8，每调用一次 show()函数，变量 count 值减 1，当 count 减到小于 0 时，就关闭定时器，删除 list 数组对应的号码，在开奖数组 ar 中增加这个号码后通过 join()函数输出，参数是空格，这样号码之间就有了间隔。show()函数代码更改如下。

```
var count = 8;                        //初始化计数变量
function show() {
        var num = Math.floor(Math.random() * list.length);
        box.innerHTML = list[num];        //显示随机号码
```

```
        var myTime = null;
        myTime = setTimeout("show()", 100);  //跳动切换
        count--;                             //计数
        if(count < 0) {
            clearTimeout(myTime);            //关闭定时器
            ar.push(list[num]);              //开奖数组添加数组元素
            list.splice(num, 1);             //原数组删除数组元素
            lucky.innerHTML = "本期幸运号码: " + ar.join(" "); //输出
        }
    }
```

8. 重复 5 次

图 3-14 所示效果中的不重复号码需要 5 个，可以在原有的
if 语句里再加入 if 语句，判断当前数组的长度是否小于 5，如果
小于 5，就将计数变量的值重新设置为 8，1 秒后重新调用 show()
函数，直到 5 个不重复号码依次输出后，将 id 属性值为 "box"
元素的 innerHTML 属性赋值为空字符串，结束程序。增加的示例
代码如下。

```
if(ar.length<5){
    count =8;
    setTimeout("show()",1000);
}
else
    setTimeout("box.innerHTML=' ';",1000);       //清空显示的
号码
```

图 3-14　数字跳动切换输出效果

任务 5　程序流程分析

11 选 5 的号码跳动展示程序流程如图 3-15 所示，
首先对页面布局和变量进行初始化，然后延时 1 秒输出
随机号码，并切换显示；接着判断计数变量是否小于 0，
如果不成立，就继续切换号码直到条件满足，当条件成
立时，停止切换，进行不重复处理；紧接着输出当前的
开奖号码，并判断开奖数组长度是否小于 5，如果成立，
就从延时 1 秒的步骤开始重新执行，直到 5 个不重复的
号码全部输出，最后结束程序。

图 3-15　11 选 5 号码跳动展示程序流程

任务 6　完整代码展示

程序完整代码如下。

```html
<!DOCTYPE html>
<html>
    <head>
        <meta charset="UTF-8">
        <title>体彩</title>
        <style type="text/css">
            #box, #lucky {
                font-family: "黑体";
                font-size: 109px;
                color: #138eee;
                font-weight: 900;
            }
            #lucky {
                color: darkred;
                font-size: 60px;
            }
        </style>
    </head>
    <body>
        <img src="img/tc.png"/>
        <span id="box">开奖了! </span>
        <div id="lucky"></div>
        <script>
          var list = ['01','02','03','04','05','06','07','08','09','10','11']; //初始化变量
          var ar = [];                              //空数组 ar 用来存储开奖号码
          var box = document.getElementById("box");    //获取用来展示跳动数字的元素
          var lucky = document.getElementById("lucky"); //获取用来展示开奖号码的元素
          var count = 8;                            //初始化计数变量
          setTimeout("show()", 1000);               //1 秒后调用 show()函数
          function show() {
              var num = Math.floor(Math.random() * list.length);
              box.innerHTML = list[num];          //显示随机号码
              var myTime = null;
              myTime = setTimeout("show()", 100);  //跳动切换
              count--;                             //计数
              if(count < 0) {
                  clearTimeout(myTime);            //关闭定时器
                  ar.push(list[num]);              //添加数组元素
                  list.splice(num, 1);             //删除数组元素
                  lucky.innerHTML = "本期幸运号码: " + ar.join(" "); //输出开奖号码
                  if(ar.length<5){
                  count =8;
                  setTimeout("show()",1000);
```

```
                      }
                  else
                      setTimeout("box.innerHTML=' ';",1000);        //清空显示的号码
              }
          }
      </script>
  </body>
</html>
```

采用同样的思路还可以实现福彩 36 选 7、打字游戏等效果。

📕 项目 3-2 描述：实现猜数字游戏"再来一局"功能和计时展示

本项目通过动态改变元素的可见性来实现猜数字游戏"再来一局"功能，使用 Date 对象实现猜数字游戏的计时展示，页面效果如图 3-16 所示。猜中数字后，页面显示猜中数字所消耗的时间和"再来一局"链接，单击"再来一局"链接可以重新开始游戏。

图 3-16　猜中时提示界面

☕ 知识准备

3.3　Date 对象

3.3.1　新建日期

使用保留关键字 new 新建 Date 对象时，可以用下述几种方法。

```
new Date();  //如果新建 Date 对象时不包含任何参数，得到的是当前的日期
new Date(日期字符串);
new Date(年,月,日[,时,分,秒,毫秒]);
```

创建 Date 对象的示例代码如下。

```
var d1 = new Date("October 18, 1976 11:16:00")
var d2 = new Date(81,5,26)
var d3 = new Date(81,5,26,11,33,0)
```

要是使用"(年,月,日[,时,分,秒,毫秒]"作为参数，那么这些参数都是整数，其中"月"从 0 开始计算，即 0 表示一月，1 表示二月，依次类推。方括号中的参数可以不填写，表示其值为 0。

新建 Date 对象得到的结果是标准的时间字符串格式，如果没有指定时区，返回的就将是当地时区（计算机默认设定）的时间。

3.3.2 Date 对象的常用方法

Date 对象的方法分组如表 3-3 所示。

表 3-3 Date 对象的方法分组

方法组	说明
get	这些方法用于获取时间和日期值
set	这些方法用于设置时间和日期值
To	这些方法用于从 Date 对象返回字符串
parse & UTC	这些方法用于解析字符串

Date 对象常用方法的参数及其对应的整数范围如表 3-4 所示。

表 3-4 Date 对象常用方法参数值及其对应的整数范围

值	整数范围
seconds 和 minutes	0～59
hours	0～23
day	0～6（星期几）
date	1～31（月份中的天数）
months	0～11（一月～十二月）

get 分组的方法如表 3-5 所示。

表 3-5 get 分组的方法

方法	说明
getDate()	返回 Date 对象中不同月份的天数，其值介于 1 和 31 之间

微课 3-7:考试倒
计时的实现

续表

方法	说明
getDay()	返回 Date 对象中的星期几，其值介于 0 和 6 之间
getHours()	返回 Date 对象中的小时数，其值介于 0 和 23 之间
getMinutes()	返回 Date 对象中的分钟数，其值介于 0 和 59 之间
getSeconds()	返回 Date 对象中的秒数，其值介于 0 和 59 之间
getMonth()	返回 Date 对象中的月份，其值介于 0 和 11 之间
getFullYear()	返回 Date 对象中的年份，其值为 4 位数
getTime()	返回自某一时刻（默认 1970 年 1 月 1 日）以来的毫秒数

set 分组的方法如表 3-6 所示。

表 3-6 set 分组的方法

方法	说明
setDate()	设置 Date 对象中月份中的天数，其值介于 1 和 31 之间
setHours()	设置 Date 对象中的小时数，其值介于 0 和 23 之间
setMinutes()	设置 Date 对象中的分钟数，其值介于 0 和 59 之间
setSeconds()	设置 Date 对象中的秒数，其值介于 0 和 59 之间
setTime()	设置 Date 对象中的时间值
setMonth()	设置 Date 对象中的月份，其值介于 1 和 12 之间

To 分组的方法如表 3-7 所示。

表 3-7 To 分组的方法

方法	说明
ToGMTString()	使用格林尼治标准时间(GMT)数据格式将 Date 对象转换成字符串表示
ToLocaleString()	使用当地时间格式将 Date 对象转换成字符串表示

3.3.3 动态改变元素样式

style 对象代表一个单独的样式声明，用户可通过应用样式的文档或元素访问 style 对象。使用 style 对象属性的语法格式如下。

```
document.getElementById("id").style.property="值";
```

设置一个已有元素的 style 对象属性示例代码如下。

```
document.getElementById("myH1").style.color = "red"; //改变元素内字体的颜色为红色
```

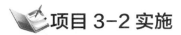

项目 3-2 实施

任务 1　项目分析

　　本项目使用 Date 对象和 style.display 实现猜数字游戏计时功能和"再来一局"功能，游戏界面如图 3-17 所示。每一局给予 10 次机会，超过机会次数就会使得按钮不可用，单击"再来一局"链接重新开始游戏，界面如图 3-18 所示。猜中时同样展示"再来一局"，界面如图 3-19 所示。本项目将初始化数据封装在函数里面，每当要开始游戏时就调用函数，实现数据的重置，示例代码如下。

任务 2　实现"再来一局"功能

```
<!DOCTYPE html>
<html>
<head>
    <meta charset="UTF-8">
    <meta name="viewport" content="width=device-width,initial-scale=1,user- scalable= no" />
    <title>猜数字游戏</title>
    <style>
        #start {
                background-color: #007AFF;
                width: 91%;
                height: 60px;
                color: white;
                font-size: 26px;
                margin: 16px;
        }
        input {
                width: 90%;
                font-size: 26px;
                height: 50px;
                border: solid 2px darkgreen;
        }
        #info{
                color:  blue
        }
        body {
                text-align: center;
        }
    </style>
```

```
</head>
<body>
    <p>请输入 1 到 100 之间的数字: </p>
    <p style="color: green; font-size:28px; font-weight: bolder;">进入数字游戏&dArr;</p>
    <div id="info"></div>
    <input id="myguess" type="number" placeholder="请输入 100 以内的数字"/><br />
    <button id="start" onclick="checknum()">我 猜</button>
    <p id="re">再来一局</p>
    <script>
        var num,i;
        var info = document.getElementById("info");
        var myguess = document.getElementById("myguess");
        var start=document.getElementById("start");
        var re=document.getElementById("re");
        function initNum(){              //数据初始化
            num = Math.floor(Math.random() * 100 + 1);//产生 1~100 的随机整数
            i = 0;                       //次数初始为 0
            re.style.display="none";     //元素隐藏
            info.innerHTML="";           //信息提示内容置空
            start.disabled=false;        //"我猜"按钮设为可用
        }
        initNum();
        re.onclick=function(){
            initNum();
        }
        function checknum() {
            var guess = myguess.value-0;
            ++i;
            if(guess == num) {
                info.innerHTML = "^_^ ,恭喜您，猜对了，幸运数字是: " + num;
                re.style.display="block";    //元素显示
                return;
            }
            else if(guess < num)     {
                info.innerHTML = "^_^ ,第" + i + "次输入，您猜的数字" + guess + "
                有些小了";
            }
            else     {
                info.innerHTML = "^_^ ,第" + i + "次输入，您猜的数字" + guess + "
                有些大了";
            }
            if(i >= 10)     {
                info.innerHTML = "您已经没机会了，真遗憾！ ";
```

```
                            start.disabled=true;          //设置按钮不可用
                            re.style.display="block";     //元素显示
                    }
                }
        </script>
    </body>
</html>
```

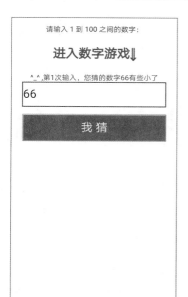

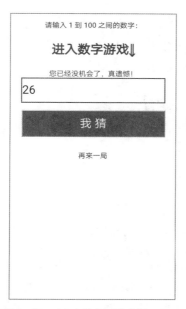

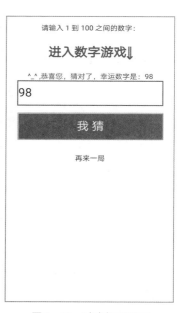

图 3-17　输入数字提示界面　　　图 3-18　10 次输入没猜中提示界面　　　图 3-19　猜中提示界面

任务 3　计时功能实现

JavaScript Date 对象的 getTime 属性返回自某一时刻（默认 1970 年 1 月 1 日）以来的毫秒数。两个 Date 对象的 getTime 属性值之间的差值，即两个 Date 对象之间的毫秒差值除以 1000 就可换算成秒。

实现猜数字游戏计时功能，初始化数据时记录游戏开始的时间，猜中时再次记录当时的时间，两者的毫秒差折算成秒数展示给用户，页面效果如图 3-16 所示，布局及样式和任务 2 中一样，这里将任务 2 中的 JavaScript 代码修改如下。

```
<script>
    var num,i, ks;
    var info = document.getElementById("info");
    var myguess = document.getElementById("myguess");
    var start=document.getElementById("start");
    var re=document.getElementById("re");
```

```javascript
    function initNum(){                              //初始化数据
        num = Math.floor(Math.random() * 100 + 1); //产生1~100的随机整数
        i = 0;
        re.style.display="none";
        info.innerHTML="";
        start.disabled=false;
        ks = new Date().getTime();                   //记录游戏开始时的毫秒值
    }
    initNum();
    myguess.onfocus = function() {
            myguess.select();
    }
    re.onclick=function(){
            initNum();
    }
    function checknum() {
        var guess = myguess.value-0;
            ++i;
            if(guess == num) {
            info.innerHTML = "^_^ ,恭喜您，猜对了，幸运数字是: " + num;
            var over=new Date().getTime();          //记录游戏猜中时的毫秒值
            var m = Math.floor((over - ks) / (1000)); //计算猜中时所用的秒数
            info.innerHTML +="<br><br>共输入"+ i + "次,<br><br>用时"+m+"秒<br><br>game over";
            re.style.display="block";               //元素显示
            return;
        }
        if(guess < num)     {
            info.innerHTML = "^_^ ,第" + i + "次输入，您猜的数字" + guess + "有些小了";
        }
        else      {
            info.innerHTML = "^_^ ,第" + i + "次输入，您猜的数字" + guess + "有些大了";
        }
        if(i >= 10)     {
            info.innerHTML = "您已经没机会了，真遗憾! ";
            start.disabled=true;
            re.style.display="block";
        }
    }
</script>
```

说明：代码中，"Math.floor((over - ks) / (1000))" 表示计算猜中时所用的秒数，如果需要更精确的值，就可以将代码改为"((now-ks)/1000).toFixed(2)"。

项目 3-3 描述：实现注册表单的验证功能

本项目应用 RegExp 实现注册表单的验证功能，页面效果如图 3-20～图 3-25 所示。

图 3-20　用户账号输入时提示效果

图 3-21　用户邮箱为空时提示效果

图 3-22　用户邮箱输入时提示效果

图 3-23　用户手机号码输入时
　　　　　提示效果

图 3-24　用户密码输入时提示效果

图 3-25　密码不一致时提示效果

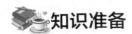**知识准备**

3.4 String 对象

String 对象是 JavaScript 最常用的内置对象，通过用户输入获取的值基本都是字符串形式。

3.4.1 使用 String 对象

当使用 String 对象时，并不一定需要用保留关键字 new。任何一个变量，要是它的值是字符串，那么该变量就是一个 String 对象。因此，下述两种方法产生的字符串变量效果是一样的。

```
var mystring="this sample too easy! ";
var mystring=new String("this sample too easy! ");
```

1. 字符串相加

对于字符串最常用的操作是字符串相加，直接使用"+"就可以了，示例代码如下。

```
var mystring="this sample"+" too easy! ";
```

使用"+="可以进行连续相加，示例代码如下。

```
mystring+="<br>";
```

等效于如下代码。

```
mystring= mystring+"<br>";
```

如果字符串与变量或者数字相加，就需要考虑字符串与整数、浮点数之间的转换。

如果要将字符串转换为整数或者浮点数，只要使用 parseInt(s,b)函数或 parseFloat(s)函数就可以了，其中 s 表示所要转换的字符串，b 表示要转换成的整数的进制数。

2. 在字符串中使用单引号、双引号及其他特殊字符

JavaScript 的字符串既可以使用单引号，又可以使用双引号，但是前后必须一致，前后不一致会导致运算出错。

如果字符串中需要加入引号，就可以使用与字符串的引号不同的引号，即如果整字符串用双引号，字符串内容就只能使用单引号，或者相反，示例代码如下。

```
var mystring='this sample too "easy "! ';
```

也可以使用"\"，示例代码如下。

```
var mystring= "this sample too \"easy! \"";
```

3. 比较字符串是否相等

比较两个字符串是否相等，直接使用"=="就可以。例如，下述函数用于判断字符串变量是否为空字符串或 Null，如果是，就返回 true，否则返回 false。

```
function isEmpty (inputString) {
  if (inputString==null || inputString== "")
      return true;
  else
      return false;
}
```

3.4.2 String 对象的属性与方法

String 对象调用属性的语法格式如下。

字符串对象名.字符串属性名

String 对象调用方法的语法格式如下。

字符串对象名.字符串方法名(参数 1,参数 2,…)

String 对象的属性与方法如表 3-8 所示。以语句"var myString="this sample too easy!""为例，其中 String 对象的"位置"从 0 开始，myString 字符串中第 0 位置的字符是"t"，第 1 位置是"h"，依次类推。

表 3-8 String 对象的属性和方法

属性与方法名称	意义	示例
length	字符串的长度	myString.length 结果为 21
charAt(位置)	String 对象在指定位置处的字符	myString.charAt(2)结果为 i
charCodeAt(位置)	String 对象在指定位置处的字符的 Unicode 值	myString.chaCoderAt(2)结果为 105
indexOf(要查找的字符串)	要查找的字符串在 String 对象中的位置	myString.indexOf("too")结果为 12
lastIndexOf(要查找的字符串)	要查找的字符串在 String 对象中的最后位置	myString. lastIndexOf ("s")结果为 18
substr(开始位置[,长度])	截取字符串	myString. substr(5,6)结果为 sample
substring(开始位置,结束位置)	截取字符串	myString. substring(5,11)结果为 sample
split([分隔符])	分隔字符串到一个数组中	var a= myString.split() document.write(a[5])输出为 s document.write(a); 结果为 t,h,i,s, ,s,a,m,p,l,e, ,t,o,o, ,e,a,s,y,!
trim()	移除字符串首尾空白	var str = "Hello World! "; document.write (str); document.write (str.trim());

续表

属性与方法名称	意义	示例
replace(需替代的字符串，新字符串)	替代字符串	myString.replace("too","so")，结果为 this sample so easy!
toLowerCase()	变为小写字母	本字符串使用本方法后效果不变，因为原本字母都是小写
toUpperCase()	变为大写字母	myString. toUpperCase()结果为 THIS SAMPLE TOO EASY!
big()	增大字符串文本	与\<big>\</big>标签对效果相同
bold()	加粗字符串文本	与\<bold>\</bold >标签对效果相同
fontcolor()	确定字体颜色	myString.fontcolor("green")
italics()	用斜体显示字符串	与\<I>\</I>标签对效果相同
small()	减小文本的大小	与\<small >\</small >标签对效果相同
strike()	显示带删除线的文本	与\<strike >\</strike >标签对效果相同
sub()	将文本显示为下标	与\<sub >\</sub >标签对效果相同
sup()	将文本显示为上标	与\<sup >\</sup >标签对效果相同

3.4.3 String 对象应用案例

String 对象最常用的方法是 indexOf()方法，示例代码如下。

微课 3-8：String 对象常用的属性与方法

```
String 对象.indexOf("查找的字符或字符串"，查找的起始位置)
```

如果找到了要查找的字符串，就返回找到的位置；如果没找到要查找的字符串，就返回-1。

【例 3-7】String 对象常用方法的应用，示例代码如下。

```
var sMyString= "Programming Language";
document.write(sMyString.indexOf("r")+"<br>");        //从前往后，输出 1
document.write(sMyString.indexOf("r",3)+"<br>");  //可选的整数参数，从第几个字符开始往后找，输出 4
document.write(sMyString.lastIndexOf("r")+"<br>");  //从后往前，输出 4
document.write(sMyString.lastIndexOf("r",3)+"<br>"); //可选的整数参数，从第几个字符开始往前找，输出 1
document.write(sMyString.lastIndexOf("V")+"<br>");      //大写"V"找不到，返回-1，输出-1
//substring() 方法返回的子串包括开始处的字符，但不包括结束处的字符。
document.write(sMyString.substring(1,3) + "<br>");    // 输出 ro
document.write(sMyString + "<br>");                  //不改变原字符串，输出 Programming Language
document.write(sMyString.substr(1,3) + "<br>");      // 输出 rog
document.write(sMyString + "<br>");                  // 输出 Programming Language
```

【例 3-8】实现字符串中的成绩平均值求解，示例代码如下。

```
//成绩是很长的字符串不好处理，找规律后分割放到数组里更好操作
   var sorceStr = "小明:87;小花:81;小红:97;小天:76;小张:74;小小:94;小西:90;小伍:76;小迪:64;小曼:76";
```

```
var arr  = sorceStr.split(';');                          //按";"符号进行数组分割
var sum = 0;
var av= 0;
var len= arr.length;
for( var i =0;i< len;i++ ){                               //从数组中将成绩取出来，然后求和
    var index = arr[i].indexOf(':');                     //根据":"符号确定数字开始的位置
    sum += parseInt( arr[i].substring (index+1) );  // parseInt()函数将字符串的数据类型转成整型
 }
av = (sum/arr.length).toFixed();          //取整
 document.write("班级总分为: "+av);  //输出
```

3.5　RegExp 对象

RegExp 是使用单个字符串来描述、匹配一系列符合某个句法规则的字符串搜索模式，主要用来验证客户端的输入数据，可以节约大量服务器端的系统资源，并且提供更好的用户体验。RegExp 对象用于存储该搜索模式。

3.5.1　RegExp 的作用

字符串和 RegExp 都定义了函数，可以使用 RegExp 进行强大的模式匹配、文本检索与替换。RegExp 的作用具体如下所述。

1. 测试字符串的某个模式

例如，可以对一个输入字符串进行测试，看在该字符串中是否存在电话号码模式或信用卡号码模式。这称为数据有效性验证。

2. 替换文本

在文档中可以使用一个 RegExp 来标识特定文字，并将其全部删除，或者替换为别的文字。

3. 根据模式匹配从字符串中提取一个子字符串

RegExp 可以用来在文本或输入字段中查找特定文字。

RegExp 语法格式如下。

```
/RegExp 主体/修饰符(可选)
```

一个 RegExp 就是由普通字符（例如字符 a~z）以及特殊字符（称为元字符）组成的文字模式，描述在查找文字主体时待匹配的一个或多个字符串。RegExp 作为一个模板，将某个字符模式与所搜索的字符串进行匹配。

3.5.2　创建 RegExp

创建 RegExp 和创建字符串类似，有两种方法，一种是采用 new 运算符，另一种是采用字面值方式。

1. new 运算符创建 RegExp

```
re =new RegExp("a");          //最简单的 RegExp，将匹配字母 a
```

```
re=new RegExp("a","i");        //第二个参数表示匹配时不区分字母大小写
```

RegExp 构造函数的第一个参数为 RegExp 的文本内容，第二个参数为可选项，有如下取值。

（1）g：全文查找。

（2）i：忽略字母大小写。

（3）m：多行查找。

示例如下。

```
var re = new RegExp("a","gi"); //匹配所有的 a 或 A
```

2．字面值方式

RegExp 还可以采用字面值的方式声明，这种方式更常用，示例代码如下。

```
var re = /a/gi;
```

3.5.3 RegExp 对象的方法

RegExp 对象包含 test()方法和 exec()方法，功能基本相似，用于测试字符串匹配。

1．test()方法

返回一个布尔值，它指出在被查找的字符串中是否存在模式，在字符串中查找是否存在指定的 RegExp。如果存在，就返回 true；否则就返回 false。

2．exec()方法

用 RegExp 模式在字符串中运行查找，也用于在字符串中查找指定 RegExp，并返回包含该查找结果的一个数组。如果执行失败，就返回 null。

使用 new 运算符的 test()方法示例代码如下。

```
var pattern = new RegExp('gift', 'i');  //创建 RegExp 模式，不区分字母大小写
var str = 'This is a Gift order!';       //创建要比对的字符串
alert(pattern.test(str));            //通过 test()方法验证是否匹配
```

使用字面值方式的 test()方法示例代码如下。

```
var pattern = /gift/i;            //创建 RegExp 模式，不区分字母大小写
var str = 'This is a Gift order!';
alert(pattern.test(str));
```

使用一条语句实现 RegExp 匹配，示例代码如下。

```
alert(/gift/i.test('This is a Gift order!')); //模式和字符串替换掉了两个变量
```

使用 exec()方法返回匹配数组的示例代码如下。

```
var pattern = /gift/i;
var str = 'This is a Gift order!';
alert(pattern.exec(str));               //匹配了返回数组，否则返回 null
```

3. String 对象和 RegExp 相关的方法

match()方法：找到一个或多个 RegExp 的匹配。

replace()方法：替换与 RegExp 匹配的子串。

search()方法：检索与 RegExp 相匹配的值。

split()方法：把字符串分割为字符串数组。

测试 RegExp 示例代码如下。

```
/*使用 match()方法获取获取匹配数组*/
var pattern = /gift/ig;                 //全局搜索
var str = 'This is a Gift order!, That is a Gift order too';
alert(str.match(pattern));              //匹配到两个 Gift,Gift
alert(str.match(pattern).length);       //获取数组的长度
/*使用 search()方法来查找匹配数据*/
var pattern = /gift/i;
var str = 'This is a Gift order!, That is a Gift order too';
alert(str.search(pattern));             //查找到则返回位置，否则返回-1
/*使用 replace()方法替换匹配到的数据*/
var pattern = /gift/ig;
var str = 'This is a Gift order!, That is a Gift order too';
alert(str.replace(pattern, 'simple'));  //将 Gift 替换成 simple
/*使用 split()方法拆分字符串分组成数组*/
var pattern = / /ig;                    //双斜线中间是空格，以空格来分割字符串
var str = 'This is a Gift order!, That is a Gift order too';
alert(str.split(pattern));              //按空格拆开字符串分组成数组
```

3.5.4 RegExp 中的常用符号

1. 方括号

RegExp 中的方括号用于查找某个范围内的字符，如表 3-9 所示。

表 3-9 RegExp 中方括号的应用

表达式	描述
[abc]	查找方括号之间的任何字符
[^abc]	查找任何不在方括号之间的字符
[0-9]	查找任何从 0 至 9 的数字
[a-z]	查找任何从小写 a 到小写 z 的字符
[A-Z]	查找任何从大写 A 到大写 Z 的字符

2. 元字符

RegExp 中常用元字符的含义如表 3-10 所示。

表 3-10　RegExp 中常用元字符的含义

表达式	描述
.	匹配除换行符以外的任意字符
\w	匹配字母或数字或下画线
\s	匹配任意空白符
\d	匹配数字
\b	匹配单词的开始或结束
^	匹配字符串的开始
$	匹配字符串的结束

3．限定符

RegExp 中常用限定符的含义如表 3-11 所示。

表 3-11　RegExp 中常用限定符的含义

表达式	描述
*	重复 0 次或更多次
+	重复 1 次或更多次
?	重复零次或 1 次
{n}	重复 n 次
{n,}	重复 n 次或更多次
{n,m}	重复 n 到 m 次

4．反义词

RegExp 中常用反义词的含义如表 3-12 所示。

表 3-12　RegExp 中常用反义词的含义

表达式	描述
\W	匹配任意不是字母、数字、下画线、汉字的字符
\S	匹配任意不是空白符的字符
\D	匹配任意非数字的字符
\B	匹配不是单词开头或结束的位置
[^x]	匹配除 x 以外的任意字符
[^aeiou]	匹配除 aeiou 这几个字母以外的任意字符

5．字符转义

如果想查找元字符本身，比如查找 “.” 或 “*” 时出现了问题，就没办法指定它们，因为它们会被解释成别的意思，这时需要使用 “\” 来取消这些字符的特殊意义，即使用 “\.” 和 “*”。

当然，要查找"\"本身，需用"\\"，如"unibetter\.com"匹配"unibetter.com"，"C:\\Windows"匹配"C:\Windows"。

6. 分组

要想重复单个字符，直接在字符后面加上限定符就行；要想重复多个字符，可以用圆括号来指定子表达式（也叫作分组），然后就可以指定这个子表达式的重复次数。

3.5.5 表单应用

每个 Web 开发人员对表单（form）都非常熟悉，它是页面与 Web 服务器交互过程中最重要的信息来源。表单的常用属性和常用控件如下所述。

微课 3-9：
form 对象-表单

1. action 属性

action 属性规定当提交表单时向何处发送表单数据。例如当提交表单时，发送表单数据到名为"a.php"的文件中（处理输入），示例代码如下。

```
<form action="a.php" method="get" >
    学号: <input type="text" name="stuId">
        <input type="submit" value="查询">
</form>
```

2. method 属性

method 属性可设置或者返回表单的 method 属性值，指定了如何发送表单数据（表单数据提交地址在 action 属性中指定）。method 属性可以使用 get 方法在 URL 中添加表单数据，也可以使用 post 方法提交表单数据。

3. input 控件

Input 控件表示表单中的一种输入对象，它随着 type 类型的不同而不同，type="text"为文本输入框，type="password"为密码输入框，type="radio"/ type="checkbox"为单选/复选框，type="button"为普通按钮，等等。其中，type="text"表示输入类型是文本框，输入单行文本，这种使用方式最常见也最常用，比如登录时输入用户名，注册时输入电话号码、电子邮件、家庭住址等。当然这也是 input 控件的默认类型。

input 控件的常用属性如下所述。

① name 属性：输入框的名称。

② size 属性：输入框的长度大小。

③ maxlength 属性：输入框中允许输入字符的最大数目。

④ value 属性：输入框中的默认值，根据表单的 name 属性值和文本框的 name 属性值可以访问文本框对象，再访问文本框的 value 属性就可以得到文本框中的值。这种方式同样应用于密码框和下拉列表框，应用格式示例代码如下。

微课 3-10：表单
及其控件的访问

```
表单名称.控件名称.value 或表单名称.elements[下标] .value
```

⑤ readonly 属性：表示该文本框中只能显示，不能添加或修改。

⑥ placeholder 属性：指文本框处于未输入状态并且未获得光标焦点时，降低显示输入提示文字的不透明度，如搜索框效果设置语句"<input type="text" placeholder="单击这里搜索">"。placeholder 属性是 HTML5 的新属性，支持 HTML5 的浏览器才支持 placeholder 属性。

⑦ type 属性：HTML5 加入了新的 input 控件类型，即 Number 型，这是方便数值输入的属性。如果是在移动端，type="number"就会唤起系统的数字键盘，这对于交互非常友好。

type 属性字段只是为输入提供选择格式，更多情况下应该说新增的 type 属性是为了适配移动端 WebApp 而存在的，例如当 type="tel"的时候，在手机上打开页面会出现电话键盘（不是数字键盘，两者并不一样，电话键盘还包括"*"和"#"）；当 type="email"的时候，会出现带"@"和".com"符号的全键盘（各设备各系统实现有少许差异）。

⑧ pattern 属性：该属性规定用于验证输入字段的模式，当触发表单并提交的时候，浏览器会通过将输入与 pattern 属性做匹配来最终判断其是否为有效输入。

4. 实现表单提交的 onclick 事件和 onsubmit 事件

type= "submit" and type="reset"，是"提交"（submit）和"重置"（reset）两个按钮。submit 的主要功能是将表单中的所有内容提交到 action 页处理，reset 的功能则是快速清空所有填写的内容。在表单中加上 onsubmit="return false;"可以阻止表单提交。

Onsubmit 事件只能在表单上使用，提交表单前就会触发。Onclick 事件用于使普通按钮等控件触发单击事件。在提交表单前，一般都会进行数据验证，可以选择在按钮的 onclick 事件中验证，也可以在表单的 onsubmit 事件中验证。

表 3-13 和表 3-14 所示分别为表单对象及控件对象的常用方法，示例中的 myForm 是一个 form 对象。

表 3-13　form 对象常用方法

方法	意义	示例
reset()	将表单中各元素恢复到默认值，与单击"重置"按钮的效果是一样的	myForm.reset();
submit()	提交表单，与单击"提交"按钮效果是一样的	myForm.submit();

表 3-14　控件对象的常用方法

方法	意义
blur()	让光标离开当前元素
focus()	让光标落到当前元素上
select()	用于种类为 text、textarea、password 的元素，选择用户输入的内容
click()	模仿鼠标单击当前元素

微课 3-11：input
控件常用方法

5. form 对象常用事件

（1）onfocus 事件：在表单元素得到输入焦点时触发。

（2）onblur 事件：在表单元素失去输入焦点时触发。例如，文本框失去焦点时，以下代码将调用 myfun()函数。

```
<input type="text" onblur ="myfun( )" >
```

（3）onchange 事件：在内容改变且失去焦点时触发。

当获得焦点时置空或选中文本框，文本框的值发生改变时调用 checknum()函数并判断结果，可以使得再次输入更加方便，增加如下代码，猜数字游戏可以进一步优化。

```
myguess.onfocus=function(){
                myguess.select(); //myguess.value='';
 }
myguess.onchange=function(){
                checknum();
 }
```

（4）oninput 事件：监听当前指定元素内容的改变，只要内容改变（添加或删除内容），就会触发这个事件。也就是在 value 属性值改变时实时触发事件，即每增加或删除一个字符时就会触发该事件，该事件常用在文本框等元素的值发生改变时触发。示例代码如下。

```
document.getElementById("userName").oninput=function (){
                console.log("oninput:"+this.value);
 }
```

提示：eninput 事件类似于 onchange 事件，不同之处在于 oninput 事件在元素值发生变化时立即触发，onchange 事件在元素失去焦点时触发；另外一点不同是 onchange 事件也可以作用于 <select>元素。

（5）oninvalid 事件：当验证不通过时触发。可以使用 setcustomValidity()方法设置默认提示信息，示例代码如下。

```
document.getElementById("userPhone").oninvalid=function (){
                this.setCustomValidity("请输入合法的 11 位手机号");
 }
```

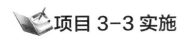

项目 3-3 实施

任务 1 项目分析

字符串可以实现表单的简单验证，对于邮箱、电话之类的验证，单用字符串的方法和属性实现起来比较复杂，验证不够全面。本项目应用 RegExp，能更严谨地验证表单，使用 setCustomValidity()方法来改变默认提示，页面效果如图 3-20～图 3-25 所示，实现了注册表单的验证功能。

任务 2 **input 控件常用 RegExp 验证规则分析**

以下示例中，变量 user 存储"用户账号"输入框获取的值，变量 email 存储"用户邮箱"输入框获取的值，变量 phone 存储"手机号码"输入框获取的值，变量 pass 存储"用户密码"输入框获取的值。

1. 验证账号是否合法

```
/^[a-zA-Z]\w{3,15}$/
```

验证规则：字母、数字、下画线组成，字母开头，4～16 位。

2. 验证邮箱

```
/^(\w-*)+@(\w-?)+(\.\w{2,})+$/
```

验证规则：把邮箱地址分成"第一部分@第二部分"，第一部分由字母、数字、下划线、短线"-"组成，第二部分为一个域名，域名由字母、数字、短线"-"、域名后缀组成，域名后缀一般为.xxx 或.xxx.xx，一区的域名后缀一般为 2～4 位，如 cn、com、net，现在域名有的也会大于 4 位。

3. 验证手机号码

```
/^1[3458]\d{9}$/
```

验证规则：^1 代表以 1 开头的手机号码，现在中国的手机号没有用其他数字开头的；[3458]紧跟在 1 后面，表示可以是 3 或 4 或 5 或 8 的一个数字；\d{9} 中的\d 跟[0-9]意思一样，表示是 0～9 中间的数字，{9}表示匹配前面的 9 位数字。

4. 验证密码是否合法

```
/^\w{4,16}$/
```

验证规则：由字母、数字、下画线组成，字母开头，4～16 位。

任务 3 **用户注册功能实现**

示例代码如下。

```
<!DOCTYPE html>
<html>
    <head>
        <meta charset="UTF-8">
        <title></title>
        <meta name="viewport" content="width=device-width,initial-scale=1,user- scalable=no" />
        <style type="text/css">
            input {
                width: 200px;
```

```
                height: 50px;
                margin: 10px;
                font-size: 20px;
                border: none;
                border-bottom: solid 1px darkgreen;
            }
        .bt {
                width: 80%;
                height: 50px;
                margin: 10px;
                font-size: 20px;
                border: solid 1px darkgreen;
            }
        #info {
                color: blue
            }
        body {
                margin: 0px;
                text-align: center;
                font-size: 20px;
            }
        </style>
    </head>
    <body>
        <h3>用户注册</h3>
        <form action="" name="regform" method="post">
            用户账号:  <input name="user" autofocus required pattern="^[0-9a-zA-Z]\ w{2,15}$"
oninput="this.setCustomValidity('')" oninvalid="this.setCustomValidity('用户名不少于 3 位')" placeholder="
用户名不少于 3 位"><br /> <!--setCustomValidity('')参数是一对单引号,即空字符串-->
            用户邮箱:  <input type="email" name="email" required pattern="^(\w-*)+@(\w-?)+(\.\w
{2,})+$" placeholder="如: web@126.com"><br />
            手机号码:  <input type="tel" name="phone" required pattern="^1[3458]\d{9}$" oninput=
"this.setCustomValidity('')" oninvalid="this.setCustomValidity('请输入正确的手机号码')" maxlength="11"
placeholder="如: 13861668188"><br />
            用户密码:  <input type="password" name="pass" required pattern="^\w{6,12}$" oninput=
"this.setCustomValidity('')" oninvalid="this.setCustomValidity('密码不少于 6 位')" placeholder="密码不
少于 6 位"><br />
            确认密码:  <input type="password" name="rpass" required placeholder="两次要一致哦"
onchange="checkpass()" /><br />
            <input type="submit" name="sub" class="bt" value="注　册" />
        </form>
        <script type="text/javascript">
            function checkpass() {
```

```
                        var pass = regform.pass;
                        var rpass = regform.rpass;
                        if(pass.value != rpass.value) {
                                rpass.setCustomValidity("两次密码输入不一致");
                        } else {
                                rpass.setCustomValidity("");
                        }
                }
        </script>
    </body>
</html>
```

单元小结

本单元介绍了 JavaScript 中常用的内置对象，并利用这些内置对象实现了各种动态效果，内容总结如下。

（1）Array 对象：Array 对象是 JavaScript 中应用非常广泛的对象，创建 Array 对象的方式有许多种，常用 length 属性表示数组长度。

（2）Math 对象：提供多种可被 Math 对象访问的数值和函数，无须在使用这个对象之前对它进行定义。

（3）Date 对象：提供了很多操作日期和时间的方法，方便程序员在 JavaScript 开发过程中简单、快捷地操作日期和时间。

（4）String 对象：也是 JavaScript 中应用非常广泛的对象，它提供了许多方法操作字符串。

（5）RegExp 对象：利用 RegExp 对象可以制作严谨的表单验证页面。

课后训练

【理论测试】

1. [1,2,3,4].join('0').split('') 的执行结果是（   ）。

    A. '1,2,3,4'

    B. [1,2,3,4]

    C. ["1","0","2","0","3","0","4"]

    D. '1,0,2,0,3,0,4'

2. 分析下面的代码，输出结果是（　　　）。

```
var arr=new Array(5);
arr[1]=1;
arr[5]=2;
console.log(arr.length);
```

A. 2　　　　　　　B. 5　　　　　　　C. 6　　　　　　　D. 报错

3. 以下代码运行后的结果是输出（　　　）。

```
var a=[1, 2, 3];
console.log(a.join());
```

A. 123　　　　　　B. 1,2,3　　　　　C. 1　2　3　　　　D. [1,2,3]

4. 下面的代码输出结果是（　　　）。

```
var arr = [2,3,4,5,6];
var sum =0;
for(var i=1;i < arr.length;i++) {
    sum +=arr[i]    }
console.log(sum);
```

A. 20　　　　　　　B. 18　　　　　　C. 14　　　　　　D. 12

5. Math.ceil(−3.14)的结果是（　　　），Math.floor(−3.14)的结果是（　　　）。

A. −3.14　　　　B. −3　　　　　　C. −4　　　　　　D. 3.14

6. 假设今天是 2019 年 5 月 1 日星期六，以下 JavaScript 代码的输出结果是（　　　）。

```
var time = new Date( );
document.write(time.getMonth( ));
```

A. 3　　　　　　　B. 4　　　　　　　C. 5　　　　　　　D. 4 月

7. 在 JavaScript 中，下列（　　　）语句能正确获取系统当前时间的小时值。

A. var date=new Date();　var hour=date.getHour();

B. var date=new Date();　var hour=date.gethours();

C. var date=new date();　var hour=date.getHours();

D. var date=new Date();　var hour=date.getHours();

8. 在 JavaScript 中，下列说法错误的是（　　　）。

A. setInterval( )定时器函数用于在指定的毫秒后调用函数或计算表达式，可执行多次

B. setTimeout( )定时器函数用于在指定的毫秒后调用函数或计算表达式，可执行一次

C. setInterval( )定时器函数的第一个参数可以是计算表达式，也可以是函数变量名

D. clearInterval( )函数和 clearTimeout( )函数都可以清除 setInterval( )定时器函数设置的定时调用

9. 执行语句 var n = "xiao ke tang".indexOf("ke",6);，n 的值为（　　　）。

A. −1　　　　　　B. 5　　　　　　　C. 程序报错　　　D. −10

103

10. 阅读以下代码，在页面中呈现的结果是（　　）。

```
var  s="abcdefg";
alert(s.substring(1,2));
```

  A. a   B. b   C. bc   D. ab

11. 使用 split("-")方法对字符串"北京-东城区-米市大街 8 号-"进行分割的结果是
（　　）。

  A. 返回一个长度为 4 的数组

  B. 返回一个长度为 3 的数组

  C. 不能返回数组，因为最后一个-后面没有数值，代码不能执行

  D. 能够返回数组，数组中最后一个元素的数值为 Null

12. 以下有关表单的说明中，错误的是（　　）。

  A. 表单通常用于搜集用户信息

  B. <form>标签中使用 action 属性指定表单处理程序的位置

  C. 表单中只能包含表单控件，不能包含其他诸如图片之类的内容

  D. <form>标签中使用 method 属性指定提交表单数据的方法

【实训内容】

  1. 还有多少天到你的生日？请编写一个函数计算剩余天数。

  2. 页面上随机产生"北京""上海""广州""哈尔滨""长春""武汉""沈阳""大连""呼和浩特"及"成都"中的一个。（参考【例 3-6】，随机生成数组的下标，并访问对应的数组元素）。

微课 3-12：生日倒计时的实现

  3. 二维数组的数据如下，编程实现第一次筛选找出都是大一的信息，第二次筛选找出都是女生的信息。

  var infos = [['小 A','女',21,'大一'], ['小 B','男',23,'大三'], ['小 C','男',24,'大四'], ['小 D','女',21,'大一'], ['小 E','女',22,'大四'],['小 F','男',21,'大一'],['小 G','女',22,'大二'], ['小 H','女',20,'大三'], ['小 I','女',20,'大一']];

微课 3-13：表单严谨验证

  4. 实现用户登录界面的布局及本地验证（参考项目 3-3）。

单元 4

DOM 编程与本地存储

项目导入

DOM 是 JavaScript 的重要构成部分，用来访问和修改文档的内容和结构，是连接 HTML 与 JavaScript 的"桥梁"。HTML DOM 定义了所有 HTML 元素的对象和属性以及访问它们的方法。利用 DOM 可以操作节点，如节点的获取、创建、添加、删除、替换和复制等。DOM 绑定事件，能更好地回应用户操作。HTML5 Web 存储（Web Storage）为 Web 应用在本地存储（Local Storage）复杂的用户痕迹数据提供了非常方便的技术支持，便于用户永久存储 Web 端的数据。本单元将使用 HTML5 Web 存储实现猜数字游戏历史战绩的存储和展示。

职业能力目标和要求	
	了解 DOM 的层次关系。
	掌握 DOM 节点的常用属性和方法。
	能够实现 DOM 节点的获取、创建、添加、删除、替换和复制等，能够实现 DOM 的优化。
	掌握 DOM 事件的触发和处理，能够实现 DOM 事件的绑定。
	掌握 JSON 数据语法格式，能够访问遍历 JSON 数据。
	理解并实现 JSON 解析与序列化。
	能够使用 DOM 的 querySelector()方法、query SelectorAll()方法获取元素。
	能够使用 DOM 元素的 classList 属性。
	掌握 Web 存储机制，能够实现 HTML5 Web 存储的使用。

项目描述：JavaScript 实现猜数字游戏"历史战绩"页面展示

本项目是在单元 3 实现的猜数字游戏的基础上，采用 localStorage 及 DOM 操作来实现对猜数字游戏"历史战绩"页面的展示，如图 4-1 所示，单击"历史战绩"链接，将显示历史战绩，即最近 6 次猜中幸运数字时所花费的时间、次数、开始猜时的时间点等游戏的信息，如图 4-2 所示。

图 4-1　游戏主界面

图 4-2　单击"历史战绩"链接打开列表展示

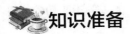知识准备

4.1　访问 HTML DOM 对象

4.1.1　HTML DOM 对象相关概念

微课 4-1：初识 DOM

DOM 定义了访问和处理 HTML 文档的标准方法，包含了 Web 页面显示的各个元素对象。DOM 的出现，使 HTML 元素成为对象，借助 JavaScript 就能操作 HTML 元素，如动态添加、删除、查询节点，设置节点的属性等。HTML 元素允许相互嵌套，DOM 可将 HTML 文档呈现为带有元素、属性和文本的树结构（节点树），将 HTML 代码分解为 DOM 节点的层次示意如图 4-3 所示。

节点树中的节点彼此之间拥有层级关系，父（Parent）、子（Child）和同胞（Sibling）等术语用于描述这些关系。父节点拥有子节点，同级拥有相同父节点的子节点称为同胞（兄弟或姐妹）；在节点树中，顶端节点称为根（Root），除了根（它没有父节点），每个节点都有父节点，一个节点可拥有任意数量的子节点。

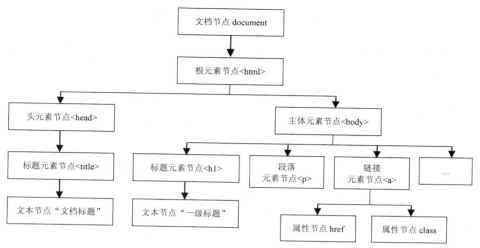

图 4-3　DOM 节点层次图

HTML 文档中的所有内容都是节点，nodeType 属性是节点的属性，表示节点的类型，是只读的。整个文档是一个文档节点（Document），nodeType 属性的值返回 9；每个 HTML 元素是元素节点（Element），nodeType 属性的值返回 1；HTML 元素内的文本是文本节点（Text），nodeType 属性的值返回 3；每个 HTML 属性是属性节点（Attr），nodeType 属性的值返回 2；注释是注释节点（Comment），nodeType 属性的值返回 8。表 4-1 和表 4-2属性的值返回 DOM 节点的常用属性和方法。

微课 4-2：DOM
对象节点类型

表 4-1　DOM 节点的常用属性

属性	意义
body	只能用于 document.body，得到 body 元素
innerHTML	元素节点中的 HTML 内容，包括文本和标签
nodeName	元素节点的名称，是只读的，对于元素节点就是元素标签名
nodeValue	元素节点的值，对于文字内容的节点，得到的就是文字内容
nodeType	显示节点的类型
parentNode	元素节点的父节点
children	返回元素节点的子元素的集合
childNodes	元素节点的子节点数组（返回所有节点，包括文本节点、注释节点）
firstChild	第一个子节点，与 childNodes[0]等价
lastChild	最后一个子节点，与 childNodes[childNodes.length−1]等价
previousSibling	前一个兄弟节点，要是这个节点就是第一个节点，那么该值为 Null
nextSibling	后一个兄弟节点，要是这个节点就是最后一个节点，那么该值为 Null
attributes	元素节点的属性数组

表 4-2　DOM 节点的常用方法

方法	意义
getElementById()	返回指定 id 属性值的元素
getElementsByName()	返回所有带有给定 name 属性值的元素的节点列表（集合/节点数组）
getElementsByTagName()	返回包含带有指定标签名的所有元素的节点列表（集合/节点数组）
getElementsByClassName()	返回包含带有指定类名的所有元素的节点列表
appendChild()	把新的子节点添加到指定节点（是指定节点内部的底部）
insertBefore()	在指定的子节点前面插入新的子节点
removeChild()	删除子节点
replaceChild()	替换子节点
createElement()	创建元素节点
createTextNode()	创建文本节点
createAttribute()	创建属性节点
getAttribute()	返回指定的属性值
setAttribute()	把指定属性设置或修改为指定的值
removeAttribute()	该方法接受一个参数，用于删除指定属性
hasChildNodes()	布尔值，当 childNodes 包含一个或多个节点时，返回 true

元素节点类型用于表现 XML 元素或 HTML 元素，提供了对元素标签名、子节点及特性的访问方法。元素节点的 nodeType 属性值为 1，nodeName 属性值表示元素标签名，nodeValue 属性值为 Null，parentNode 属性值可能是 Document 或 Element，childNodes 表示子节点集合（可能是 Element、Text、Comment 等）。

要想访问元素的标签名，可以使用 nodeName 属性，也可以使用 tagName 属性。如果访问的是 HTML 文档中的标签名，结果就始终以大写字母表示，而访问 XML 文档中的标签名的结果就会与源代码一致，示例代码如下。

```
布局: <div id="myDiv" class="bd" title="a div"></div>
实现: var div = document.getElementById("myDiv");
    console.log(div.tagName); // 输出 Div
    // 如果需要执行某些判断，使用下面的写法更好，适用于多种文档
    if (div.tagName.toLowerCase() == "div") {
      // do something
    }
    console.log(div.id); // 输出 myDiv
    console.log(div.title); // 输出 a div
    div.className = "ft"; // 类名变为 ft
```

4.1.2 获取元素对象的一般方法

JavaScript 使用节点的属性和方法，可以通过下述几种方式得到文档对象中的各个元素对象。

微课 4-3：get ElementById()方法访问页面元素

1. getElementById()方法

getElementById()方法的参数：元素的 id 属性值，也称为元素标识，即要根据元素的 id 属性值获取元素，找到相应的元素则返回该元素，否则返回 null；如果存在多个相同 id 属性值的元素，就返回第一次出现的元素，语法格式如下。

```
document.getElementById('元素 id 属性值')
```

或

```
节点对象.getElement ById('元素 id 属性值')
```

示例如下。

```
document.getElementById("red"); //获取 id 属性值是 "red" 的元素
```

2. getElementsByTagName()方法

getElementsByTagName()方法的参数为元素的标签名，即要根据元素的标签名来获取元素。该方法返回一个 HTMLCollection 对象，包含所有符合查找标签名的元素，得到一组元素对象数组，可以通过方括号或 item()方法访问每一个项，语法格式如下。

```
document.getElementsByTagName ('元素标签名')
```

或

```
节点对象.getElementsByTagName ('元素标签名')
```

使用第二种格式将得到该"节点对象"下的所有指定元素标签名的对象数组，示例代码如下。

微课 4-4：getElementsByName()方法访问页面元素

```
document.getElementsByTagName('input')[0];//一组标签名为"input"的元素中的第一个元素
document.getElementsByTagName('input')[1];//一组标签名为"input"的元素中的第二个元素
```

3. getElementsByName()方法

getElementsByName()方法的参数为元素的 name 属性值，即要根据元素的指定 name 属性值来获取元素。该方法一般用于节点具有 name 属性的元素，返回一个 HTMLCollection 对象，包含所有带有给定 name 属性的元素，与 getElementsByTagName()方法类似，得到一组元素对象数组，语法格式如下。

```
document. getElementsByName ('元素名称')
```

或

```
节点对象. getElementsByName ('元素名称')
```

示例代码如下。

```
document.getElementsByName("but1")[0]; //name 属性值是"but1"的一组元素中的第一个元素
```

4. getElementsByClassName()方法

getElementsByClassName()方法的参数是包含一个或多个类名的字符串，返回带有指定类的所有元素的集合。传入多个类名时，类名的先后顺序不影响返回结果；如果查找带有相同类名的所有 HTML 元素，就可以使用这个方法，例如，以下示例代码可返回包含 class="intro"的所有元素。

微课 4-5：获取元素对象的方法

```
document.getElementsByClassName("intro");//记得不加点，不是 ". intro"
```

注意：getElementsByClassName()方法在 IE5、6、7、8 环境中无效。

4.1.3 元素的 innerText、innerHTML、outerHTML、outerText

innerText：表示起始标签和结束标签之间的文本。

innerHTML：表示元素起始标签和结束标签之间的 HTML 代码（包括所有元素和文本）。在读模式下，innerHTML 属性返回元素所有子节点对应的 HTML 标签和内容；在写模式下，innerHTML 会根据指定的值来创建新的 DOM 树，利用这个属性可以给指定的标签里面添加标签，示例代码如下。

```
<div><b>Hello</b> world</div>
```

其中 div 元素的 innerText 为 Hello world，innerHTML 为 **Hello** world。

outerText：是整个目标节点中的文本，返回和 innerText 一样的内容。

outerHTML：除了包含 innerHTML 的全部内容外，还包含对象标签本身。

图 4-4 所示为 innerText、innerHTML、outerHTML 的区别。

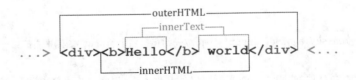

图 4-4　innerText、innerHTML、outerHTML 区别

4.1.4 修改 HTML DOM

修改 HTML DOM，意味着改变许多不同的方面，如改变 HTML 内容、改变 CSS 样式、改变 HTML 属性、创建新的 HTML 元素、删除已有的 HTML 元素及改变事件（处理程序）等。这里主要介绍节点的创建、添加、删除、替换、复制等。

1. 创建和添加节点

如需向 HTML DOM 添加新节点，首先必须创建该节点，然后把它追加到已有的元素上。

createElement(element)方法：创建元素节点，返回对新节点的对象引用，其中 element 参数为新节点的标签名，示例如下。

```
var newnode=document.createElement("div");    //该语句创建了一个标签名为"div"的元素节点
```

createTextNode(string)方法：创建文本节点，返回对新节点的对象引用，其中 string 参数为新节点的文本，示例代码如下。

```
var newnode= document.createTextNode("hello");//该语句创建了一个文本内容为"hello"的文本节点
```

createAttribute(name)方法：创建属性节点，返回对新节点的对象引用，其中 name 参数为新节点的属性名，示例代码如下。

```
布局: <a>去测试</a>
功能: var a1=document.getElementsByTagName("a")[0];
     var newnode= document.createAttribute ("href"); //创建一个名为"href"的属性节点
     newnode.value = "test.html";                    //属性节点的值可以通过 value 属性进行设定
     a1.setAttributeNode(newnode);                    //属性添加到<a>元素中
```

属性节点的创建还有一种更加简捷的方法，就是利用 JavaScript 变量的弱类型，通过直接赋值产生。

appendChild(newChild)方法：添加新节点到方法所属节点的尾部，其中 newChild 参数为新加的子节点对象。appendChild()方法适用于元素节点、文本节点等节点的添加，不适用于属性节点的添加。如果 DOM 树中已经存在该节点，就会将它删除，然后在新位置插入。

insertBefore(newNode,targetNode)方法：将新节点 newNode 插入相对节点 targetNode 的前面。该方法由 targetNode 的父节点调用，可以通过 targetNode.parentNode 得到，newNode 与 targetNode 为相邻的兄弟节点。

【例 4-1】创建节点，追加到已有的元素上，示例代码如下。

微课 4-6：创建节点，添加节点

```
布局: <div id="div1">
           <p id="p1">段落一。</p>
           <p id="p2">段落二。</p>
     </div>
实现: var para=document.createElement("p");//创建一个新的<p>元素
     //如需向<p>元素添加文本，首先必须创建文本节点
     var node=document.createTextNode("新段落"); //创建文本节点
     para.appendChild(node);     //向<p>元素追加文本节点
     var element=document.getElementById("div1");
     element.appendChild(para);//追加: 作为父元素 element 的最后一个子元素进行添加
     //拓展: appendChild()方法添加已有节点如下。
     var p1 = document.getElementById("p1") //获取已有的元素<p id="p1">段落一</p>
     element.appendChild(p1);  // <p id="p1">段落一</p>成了最后一个节点
```

【例 4-2】parent.insertBefore(newNode,targetNode)方法的应用，示例代码如下。
布局代码如【例 4-1】，功能实现的示例代码如下。

```
var para=document.createElement("p");
var node=document.createTextNode("新段落");
para.appendChild(node);
var element=document.getElementById("div1");
var child1=document.getElementById("p1");
var child2=document.getElementById("p2");
element.insertBefore(para,child1);//在已有元素的前面添加这个新元素。
element.insertBefore(child2,child1);//如果节点已经存在，则删除原来的，然后在新位置插入。
```

DOM 中没有 insertAfter(newNode, targetNode)方法可以实现将新节点 newNode 插入相对节点 targetNode 后面。为了编程的方便，需要自定义 insertAfter 方法，示例代码如下。

```
function insertAfter(newNode,target){
    var parent=target.parentNode;
    if(parent.lastChild==target)//如果目标元素是父元素的最后一个元素，就直接插入
        parent.appendChild(newNode);
    else                         //如果不是最后一个元素，就调用 nextSibling
        parent.insertBefore(newNode.target.nextSlibling)
}
```

2. 删除已有的节点

removeChild(node)方法可以用于删除节点 node。该方法的所属节点对象是 node 的父节点。

【例 4-3】removeChild(node)方法应用，示例代码如下。

布局代码如【例 4-1】，功能实现的示例代码如下。

微课 4-7:节点的
删除、替换与
复制

```
方案 1: var parent=document.getElementById("div1");
        var child=document.getElementById("p1");
        parent.removeChild(child);          //方法由被删除的元素的父元素调用
方案 2: var child=document.getElementById("p1");
        child.parentNode.removeChild(child);//使用 parentNode 属性查找其父元素，再调用 removeChild 方法
```

3. 替换 DOM 节点

replaceChild(newChild,oldChild)方法可以用新节点 newChild 替换原节点 oldChild。该方法的所属节点对象是 oldChild 的父节点。

【例 4-4】replaceChild(newChild,oldChild)方法应用，示例代码如下。

布局代码如【例 4-1】，功能实现的示例代码如下。

```
var para=document.createElement("p");
var node=document.createTextNode("This is new.");
para.appendChild(node);
var parent=document.getElementById("div1");
var child=document.getElementById("p1");
parent.replaceChild(para,child);
```

4. 复制 DOM 节点

oldElement.cloneNode(deep)方法可以复制并返回调用它的节点的副本，只有一个参数 deep，为布尔值，如果为 true，就复制 oldElement 及其子节点，否则只复制这个节点本身，返回值就是一个调用这个方法的节点的副本，示例代码如下。

```
div = div1.cloneNode(true);              //深度复制 div1 节点
div1.parentNode.insertBefore(div, div1);    //将复制后的节点加到 div1 节点之前
```

4.1.5 导航节点关系

使用元素的 parentNode、firstChild、lastChild、childNodes 等属性可以在文档结构中进行导航。

除了 innerHTML 属性，也可以使用 childNodes、firstChild 或 nodeValue 属性来获取元素的内容。

微课 4-8：导航
节点关系

注意：获取文本节点时，文本节点一般是上级节点的第一个子节点。

HTML 片段的示例代码如下。

```
<div name = "demo">
    <div id = "t"><span>aaa</span><span>bbb</span><span>ccc</span></div>
    <div id = "m">eee</div><div id = "w"></div>
</div>
```

JavaScript 功能实现的示例代码如下。

```
x=document.getElementById("m");
document.write(x.firstChild.nodeValue); //等价于 document.write(x.childNodes[0].nodeValue);，显示 eee
var d = document.getElementById("t");
document.write(d.firstChild.innerHTML);   //显示 aaa
document.write(d.lastChild.innerHTML);   //显示 ccc
document.write(d.childNodes[1].innerHTML); //显示 bbb
document.write(d.parentNode.getAttribute("name"));   //显示 demo
var d1 = document.getElementById("t").childNodes[1];
document.write(d1.nextSibling.innerHTML);   //显示 ccc
document.write(d1.previousSibling.innerHTML);//显示 aaa:
alert(document.getElementById("t").hasChildNodes()); //显示 true，hasChildNodes()方法判定是否有子
节点
alert(document.getElementById("w").hasChildNodes());   //显示 false
```

子节点只算第一层的，孙子节点不在子节点的范畴内。想要获取子节点的数量，有以下方案。

childNodes：获取指定对象子节点（文本节点+元素节点）的集合。

```
用法 obj.childNodes//childNodes 会把空的文本节点当成节点
测试长度 obj.childNodes.length
```

children：获取作为指定对象直接子节点的集合。

```
用法 obj.children//只显示元素节点，即使是非空的文字节点也不显示
测试长度 obj.children.length
```

NodeType：节点类型，可以根据节点类型遍历获取指定节点类型的节点数量。

如果 obj.childNodes.nodeType 为 3，当前节点就是文本节点。

如果 obj.childNodes.nodeType 为 1，当前节点就是元素节点。

【例 4-5】获取子节点的数量，示例代码如下。

```
布局: <ul id="ul">
        <li>aaa</li>
        <li>bbb</li>
        ccc
    </ul>
    children 显示的节点数: <span id="span1"></span><br/>
    chileNodes 显示的节点数: <span id="span2"></span><br/>
    nodeType 为 1 的节点数: <span id="span3"></span><br/>
实现: window.onload=function(){
    var oUl=document.getElementById("ul");
    var span1=document.getElementById("span1");
    var span2=document.getElementById("span2");
    var span3=document.getElementById("span3");
    var sum=0;
    span1.innerHTML=oUl.children.length+"";
    span2.innerHTML=oUl.childNodes.length+"";
    for(var i=0;i<oUl.childNodes.length;i++){
        if(oUl.childNodes[i].nodeType==1)
            sum++;
    }
    span3.innerHTML=sum+"";
  }
输出: children 显示的节点数: 2
    chileNodes 显示的节点数: 5
    nodeType 为 1 的节点数: 2
```

将布局代码中的空格去除，改成如下代码效果。

```
<ul id="ul"><li>aaa</li><li>bbb</li>ccc</ul>
修改后代码输出: children 显示的节点数: 2
            chileNodes 显示的节点数: 3
            nodeType 为 1 的节点数: 2
```

可以看出去掉列表（ul）布局中的空格以后，chileNodes 的节点数少了，因为 chileNodes 是获取指定对象子节点（文本节点+元素节点）的集合，空的文本节点也会被当成节点。DOM 操作一般是操作元素节点，所以通常的用法是判断节点的 nodeType 的值为 1 时再操作，或者直接

使用 children 来访问子节点。

4.1.6 DOM 优化

在所有节点类型中,只有 DocumentFragment 在文档中没有对应的标签。DOM 规定文档片段是一种"轻量级"的文档,可以包含和控制节点,但不会像完整的文档那样占用额外的资源;不能把文档片段直接添加到文档中,但可以将它作为一个仓库来使用,在里面保存将来可能添加到文档中的节点,创建文档片段的方法为 document.createDocumentFragment()。

微课 4-9:DOM
优化

如果将文档中的节点添加到文档片段中,就会从 DOM 树中移除该节点,浏览器中也不再显示这些节点。添加到文档片段中的新节点同样也不属于 DOM 树。要将文档片段中的内容添加到文档中,可以用 appendChild()方法或 insertBefore()方法。将文档片段作为参数传递给这两个方法时,实际上只会将文档片段的所有子节点添加到相应的位置上,文档片段本身永远不会成为 DOM 树的一部分。例如下列代码,如果逐个添加列表项,就将导致浏览器反复渲染新信息,使用一个文档片段来保存创建的列表项,最后一次性将它们添加到文档中,就可以完美地避开反复渲染的问题。

```
布局: <ul id="myList"></ul>
实现: var fragment = document.createDocumentFragment();//创建文档片段
var ul = document.getElementById("myList");
var li = null;
for (var i = 0; i < 10; ++i) {
    li = document.createElement("li");
    li.appendChild(document.createTextNode("Item " + (i+1)));
    fragment.appendChild(li); // 添加新元素到文档片段中
}
ul.appendChild(fragment); // 一次性将文档片段中的内容添加到文档
```

4.1.7 DOM 事件

1. 事件绑定的绑定方式

在使用事件处理程序对页面进行操作时,最主要的是通过对象的事件来指定事件处理程序,也称为事件绑定,绑定方式主要有 3 种,即在 HTML 中指定事件处理程序、将一个函数赋值给一个事件处理属性、使用 addEvenListener()方法。下面具体介绍事件绑定的绑定方式及其优缺点。

(1)在 HTML 中指定事件处理程序

该方式通过直接在 HTML 中定义一个 onclick 事件的属性,用来触发 showFn()方法,这样的事件处理程序最大的缺点就是 HTML 与 JavaScript 强耦合,如果需要修改函数名,就得修改 HTML 和 JavaScript 两个地方;当然其优点是不需要操作 DOM 来完成事件的绑定,示例代码如下。

微课 4-10:DOM
事件

```
<button type="button" onclick="showFn()">ok</button>
<script>
    function showFn() {
            alert('Hello World');
    }
</script>
```

（2）将一个函数赋值给一个事件处理属性

将一个函数赋值给一个事件处理属性的绑定方式，通过给事件处理属性赋值
Null 来实现。这种方式解决了 HTML 与 JavaScript 强耦合的问题，是最常用的
方式，缺点在于一个处理程序无法同时绑定多个处理函数，示例代码如下。

微课 4-11：DOM
节点对象的事件
处理

```
<button id="btn" type="button">Over Me</button>
<script>
    var btn = document.getElementById('btn');
    btn.onmouseover = function() {
        alert('Mouse Over Me!');
    }
</script>
```

（3）使用 addEvenListener()方法

addEventListener()和 removeEventListener()两个方法分别用来绑定事件和解绑事件。方
法中包含 3 个参数，分别是绑定的事件处理属性名（不包含 on ）、处理函数和是否在捕获时执行
事件处理函数。addEvenListener()方法可以将同一按钮单击事件绑定多个函数，示例代码如下。

```
var btn = document.getElementById('btn');
btn.addEventListener('click', showFn, false);    //绑定事件
btn.addEventListener('click', show, false);       //绑定事件
btn.removeEventListener('click', showFn, false); //解绑事件
```

注意：IE 8 及以下版本浏览器不支持 addEventListener()方法和 removeEventListener()
方法，需要用 attachEvent()方法和 detachEvent()方法来实现，不需要传入第三个参数。因为
IE 8 及以下版本浏览器只支持冒泡型事件。示例代码如下。

```
btn.attachEvent('onclick', showFn);  //绑定事件
btn.detachEvent('onclick', showFn);  //解绑事件
```

2. JavaScript 阻止默认行为

JavaScript 代码需要向事件返回一个布尔值（默认是 true ），如果为 true，就在执行完
JavaScript 代码后执行默认动作；要是加上 return false，那么就是告诉它取消了默认动作。链
接<a>的默认动作就是跳转到指定页面，提交按钮<input type="submit">的默认动作就是提交表
单。在必要的时候可以通过 JavaScript 来阻止默认行为，使用原生 JavaScript 的 return false
方法，只会阻止默认行为，不会停止冒泡，用 jQuery 中的 return false 则可以既阻止默认行为
又防止对象冒泡。

【例 4-6】阻止链接<a>的跳转，示例代码如下。

```
布局: <ul onclick='alert("ul");'>
         <li onclick='alert("li");'><a href="test.html" id="test">百度</a></li>
      </ul>
实现:  var a = document.getElementById("test");
       a.onclick = function(){
          return false; //阻止默认行为
       };
```

微课 4-12：常用
事件的类型

3. 常见的 DOM 事件

JavaScript 中常见的 DOM 事件如表 4-3 所示。

表 4-3　JavaScript 中常见的 DOM 事件

事件名称	含义	详细说明
onclick	鼠标单击	单击按钮、图片、文本框、列表框等
onchange	内容发生改变	如文本框的内容发生改变
onfocus	元素获得焦点（鼠标）	如单击文本框时，该文本框获得焦点（鼠标），就触发 onfocus 事件
onblur	元素失去焦点	与获得焦点相反，当用户单击别的文本框时，该文本框就失去焦点，触发 onblur 事件
onmouseover	鼠标悬停事件	当移动鼠标，停留在图片或文本框等的上方时，就触发 onmouseover 事件
onmouseout	鼠标移出事件	当移动鼠标，离开图片或文本框所在的区域时，就触发 onmouseout 事件
onmousemove	鼠标移动事件	当鼠标指针在图片或层<div>或<span>等 HTML 元素上方移动时，就触发 onmousemove 事件
onload	页面加载事件	HTML Web 页面从网站服务器下载到本机后，需要浏览器加载到内存中，然后解释执行并显示，浏览器加载 HTML Web 页面时，将触发 onload 事件
onsubmit	表单提交事件	当用户单击"提交"按钮提交表单信息时，将触发 onsubmit 事件
onmousedown	鼠标按下事件	当在按钮、图片等 HTML 元素上按下鼠标时，将触发 onmousedown 事件
onmouseup	鼠标弹起事件	当在按钮、图片等 HTML 元素上释放鼠标时，将触发 onmouseup 事件
onresize	窗口或框架被重新调整大小	当用户改变窗口大小时触发 onresize 事件，如窗口最大化、窗口最小化、用鼠标拖动，改变窗口大小等

4.2　DOM 扩展

尽管 DOM 作为 API 已经非常完善了，但是为了实现更多功能，DOM 仍然进行了扩展，其中一个重要的扩展就是对选择器 API 的扩展。人们对 jQuery 的称赞，很多是由于 jQuery 拥有

使用方便的元素选择器。除了前文已经介绍过的 getElementsByClassName()方法外，DOM
还扩展了 querySelectorAll()、querySelector()等方法，通过 CSS 选择符查询 DOM 文档取得
元素的引用功能变成了原生的 API 功能，极大地改善了性能。类似的，DOM 扩展内容还为元素
的遍历添加了新属性 childElementCount 等，还可以使用 HTML5 中 classList 属性操作元素的
CSS。这里将详细介绍 HTML5 新增的几种常用方法和属性。

4.2.1　querySelector()方法与 querySelectorAll()方法

在传统的 JavaScript 开发中，查找 DOM 往往是程序员遇到的第一个头
疼的问题，原生 JavaScript 所提供的 DOM 选择方法并不多，仅仅局限于通过
标签名、name 属性值、id 属性值等来查找，这显然是远远不够的，如果要进行
更为精确的选择，就不得不使用看起来非常烦琐的 RgeExp，或者使用某个库。
而 HTML5 向 Web API 新引入的 querySelector()以及 query SelectorAll()两
个方法能更方便地从 DOM 选取元素，功能类似于 jQuery 的选择器。

微课 4-13：query
Selector()方法与
querySelectorAll()
方法

querySelector()方法和 querySelectorAll()方法作为查找 DOM 的又一途径，极大地方便了程序
员，使用它们可以像使用 CSS 选择器一样快速地查找到需要的节点。

这两个方法使用的语法差不多，都是接收一个字符串参数，这个参数需要是合法的 CSS 选
择语法。querySelector()方法仅仅返回匹配指定选择器的第一个元素，如果需要返回所有元素，
就应使用 querySelectorAll()方法替代。

其中参数可以包含多个 CSS 选择器，用逗号隔开，示例代码如下。

```
element = document.querySelector('selector1,selector2,…');
elementList = document.querySelectorAll('selector1,selector2,…');
```

注意：支持该方法的浏览器的版本号有 IE 8、Chrome 4、Firefox 3.5、Opera 10 以及
Safari 3.1，移动端也可放心使用。使用这两个方法无法查找带伪类状态的元素，如
"querySelector(':hover')"，其运行后不会得到预期结果。

利用该方法，根据 id 属性值获取元素的示例如下。

```
document.querySelector("#demo"); //获取文档中 id="demo"的元素
```

querySelector()方法可以返回满足条件的单个元素，按照深度优先和先序遍历的原则使用参
数提供的 CSS 选择器在 DOM 中进行查找，返回第一个满足条件的元素，示例代码如下。

```
element = document.querySelector('.foo,.bar');    //返回带有 foo 或者 bar 样式类的首个元素
<h2>二级标题</h2>
<h3>三级标题</h3>
document.querySelector("h2, h3").style.backgroundColor = "red";//为文档的第一个<h2>或<h3>元素添加
背景颜色
```

如果<h3>元素位于<h2>元素之前，<h3>元素将会被设置指定的背景颜色。

```
document.querySelector("a[target]");              //获取文档中有 "target" 属性的第一个<a>元素
```

```
var img = document.querySelector("img.demo"); // 取得包含样式类 demo 的第一个 img 元素
```

querySelectorAll()方法可以返回所有满足条件的元素集合，示例代码如下。

```
// 获取页面 class 属性值为"red"的元素
document.querySelectorAll('.red') // 相当于：document.getElementsByClassName('red')
var oAs = document.getElementById("div1").querySelectorAll("a");
//取得 id 属性值为"div1"的 div 元素中的所有<a>元素，相当于：getElementsByTagName("a")
var demo = document.querySelectorAll(".demo");    // 取得类为 demo 的所有元素
var oDivAs = document.querySelectorAll("div a");  // 取得所有 div 元素中的<a>元素
for(var i = 0;i<oDivAs.length;i++){ // 取得元素组的每一个元素，可用 item()方法
    isIndex = oDivAs.item(i)         // 相当于 isIndex = oDivAs[i]
}
elements = document.querySelectorAll('div.foo');//返回所有带样式类.foo 类样式的 div 元素
```

【例 4-7】querySelector()方法和 querySelectorAll()方法的应用，效果如图 4-5 和图 4-6 所示，示例代码如下。

```
布局：    <h2 class="example">带有"example"样式类的标题</h2>
         <p class="example">带有"example"样式类的段落。</p>
         <p>单击按钮效果为第一个带有"example"样式类的<p>元素文字变大，所有带有"example"样式类的<p>元素
改背景颜色为粉色。</p>
         <button onclick="myFunction()"> 变 </button>
实现：    <script type="text/javascript">
             function myFunction() {
                 var para = document.createElement("p"); //创建一个新的<p>元素
                 var node = document.createTextNode("新段落");
                 para.appendChild(node);          //向<p>元素追加文本节点
                 para.setAttribute('class','example');    //添加属性
                 document.body.appendChild(para);      //向文档追加<p>元素
                 document.querySelector("p.example").style.fontSize = "29px";
                 var oPs = document.querySelectorAll("p.example");
                 for(var i = 0; i < oPs.length; i++) {
                     isIndex = oPs.item(i)          //相当于 isIndex = oDivAs[i]
                     isIndex.style.backgroundColor = "pink";
                 }
             }
         </script>
```

图 4-5　单击按钮前的效果

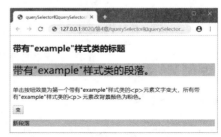

图 4-6　单击按钮后的效果

119

4.2.2 元素的遍历

用户可以通过当前元素遍历到其子元素，但是各浏览器对于元素间的空格会做出不同反应，就导致了在使用 childNodes 和 firstChild 等属性时的行为不一致。由此，Element Traversal API 为 DOM 元素添加了以下 5 个属性。

childElementCount：返回子元素（不包括文本节点和注释）的个数。

firstElementChild：指向第一个子元素；firstChild 的元素版。

lastElementChild：指向最后一个子元素；lastChild 的元素版。

previousElementSibling：指向前一个同辈元素；previousSibling 的元素版。

nextElementSibling：指向后一个同辈元素；nextSibling 的元素版。

IE 9、Firefox 3.5+、Safari、Opera、Chrome 等浏览器都已经实现了该接口。

【例 4-8】元素的遍历，效果如图 4-7 所示，示例代码如下。

```
布局：    <h3>这是标题</h3>
          <div id="div1">
                <span>aa</span> <span>bb</span> <span>cc</span> <span>dd</span>
          </div>
          <p class="demo">这是段落</p>
实现：    <script type="text/javascript">
                var oDivs = document.querySelector("#div1");
                console.log(oDivs.childElementCount);
                console.log(oDivs.firstElementChild);
                console.log(oDivs.lastElementChild);
                console.log(oDivs.previousElementSibling);
                console.log(oDivs.nextElementSibling);
          </script>
```

图 4-7　元素的遍历结果

4.2.3 classList 属性

classList 属性指定元素的类名，该属性用于在元素中添加、移除及切换

微课 4-14：
classList 属性

CSS 样式类名称。classList 属性是只读的，可以使用 add()方法和 remove()方法修改。表 4-4 所示为 classList 属性的常用方法。

表 4-4　classList 属性的常用方法及意义

方法	意义
add(class1, class2, …)	在元素中添加一个或多个类名。如果指定的类名已存在，就不会添加
contains(class)	返回布尔值，判断指定的类名是否存在。返回 true 表示元素已经包含了该类名；返回 false 表示元素中不存在该类名
item(index)	根据索引值返回对应元素中的类名，索引值从 0 开始。如果索引值在区间范围外就返回 null
remove(class1, class2, …)	移除元素中一个或多个类名。**注意**：移除不存在的类名不会报错
toggle(class)	在元素中切换类名。在元素中移除类名，并返回 false。如果该类名不存在就会在元素中添加类名，并返回 true

注意：支持该方法的第一个浏览器的版本号，可能是 IE 10.0、Chrome 8.0、Firefox 3.6、Opera 11.5 以及 Safari 5.1。

【例 4-9】classList 属性的应用，示例代码如下。

```
布局: <button onclick="show()">show</button>
      <div id="pq" class="aa ss dd ff hh "></div>
实现: function show(){
          var dome = document.querySelector("#pq");
          alert(dome.classList);                      // 获取 class 列表输出: aa ss dd ff hh
          dome.classList.add("gg");                   // 相当于 jQuery 的 addClass()方法
          dome.classList.remove("aa");                // 相当于 jQuery 的 removeClass()方法
          alert(dome.classList.contains("bb"));       // 相当于 jQuery 的 hasClass()方法,输出 false
          alert(dome.classList.toggle("pp"));         //输出 true
          alert(dome.classList);                      //输出 ss dd ff hh pp
      }
```

4.3　JSON

JS 对象简谱（JavaScript Object Notation，JSON）是一种轻量级的数据交换格式，JSON 类型和 XML 类型都是一种结构化的数据表示方式。JSON 并不是 JavaScript 独有的数据格式，其他很多语言都可以对 JSON 进行解析和序列化。

对于大多数 Web 应用来说，根本不需要复杂的 XML 来传输数据，XML 的扩展性具有优势，许多 Ajax 应用甚至直接返回 HTML 片段来构建动态 Web 页面；与返回 XML 并解析相比，返回 HTML 片段可以大大降低系统的复杂性，但同时也缺少了一定的灵活性。XML 使用元素、属性、实体和其他结构，而 JSON 不需要这些附加结构，因为 JSON 数据只包括名/值对（对象）

或值（数组），所以 JSON 数据比同等的 XML 数据占用更少的空间，执行速度更快。

4.3.1 JSON 语法

JSON 语法可以表示以下 3 种类型的值。

简单值： 使用与 JavaScript 相同的语法，可以在 JSON 中表示字符串、数值、布尔值和 Null，但是 JSON 不支持 JavaScript 中的特殊值 Undefined。

对象： 对象作为一种复合数据类型，表示的是一组无序的键值对，每个键值对中的值可以是简单值，也可以是复合数据类型的值，示例代码如下。

```
var stu = {
        "name":"李雷",
        "age":19,
        "school":{
            "name":"软件学院",
            "location":"北京"
        }
    }
```

数组： 数组也是一种复合数据类型，表示一组有序值的列表，可以通过索引来访问其中的值。数组的值也可以是任意类型（简单值、对象或数组）。

在 JSON 中，可以采用 JavaScript 中数组字面值的语法表示一个数组[25,"hi",true]。也可以把数组和对象结合起来构成更加复杂的数据集合，这种数组结合对象的复合形式最为常见，示例代码如下。

```
var peoples= [
        { "firstName":"John" , "lastName":"Doe" },
        { "firstName":"Anna" , "lastName":"Smith" },
        { "firstName":"Peter" , "lastName":"Jones" }
        ]
```

JSON 语法格式：数据在名/值对中由逗号分隔，花括号保存对象，方括号保存数组。JSON 没有变量和分号，同一个对象中绝对不允许出现两个相同的属性名。

JSON 数据的遍历

复合数据类型数据值为基本数据类型的组合，如数组、JSON 等，示例代码如下。

微课 4-15：复合
数据类型——
JSON 的遍历

```
var json = {                    // JSON
        "employees": [{
                "firstName": "John",
                "lastName": "Doe
            },    {
```

```
                    "firstName": "Anna",
                    "lastName": "Smith"
            },    {
                    "firstName": "Peter",
                    "lastName": "Jones"
            }]
        }
var len= json.employees.length;
for(var i = 0; i < len; i++) { // JSON 的遍历
    console.log (json.employees[i].firstName + " " + json.employees[i].lastName) ;
}
```

4.3.2 JSON 解析和序列化

JSON 之所以流行是因为它可以把 JSON 数据结构解析为有用的 JavaScript 对象，例如取得上面示例中第三个人的 firstName。JSON 数据在解析为 JavaScript 对象之后，只要一行简单的代码就可以取得第三个人的 firstName，代码为 peoples[2].firstName。

早期的 JSON 解析器基本上就是使用 JavaScript 的 eval()函数，但是使用 eval()函数会使 JSON 数据结构求值存在风险，因为可能会执行一些恶意代码，所以 ECMAscript 5 对解析 JSON 的行为进行了规范，定义了全局对象 JSON，定义 JavaScript 中的 JSON 对象有两个方法，即 stringify()方法和 parse()方法，这两个方法分别用于把 JavaScript 对象序列化为 JSON 字符串和将 JSON 字符串解析为 JSON 对象，示例代码如下。

```
var stu = {
            "name":"李雷",
            "age":19,
            "school":{
                "name":"软件学院",
                "location":"北京"
            }
        }
var jsonText=JSON.stringify(stu);  //把 JavaScript 对象序列化为一个 JSON 字符串
alert(jsonText);   // {"name":"李雷","age":19,"school":{"name":"软件学院","location":"北京"}}
var stuCopy=JSON.parse(jsonText); //JSON 字符串解析为 JSON 对象
alert(stuCopy);   //[object,Object]
```

4.4 本地存储

实现本地存储最早应用的是 cookie，cookie 的问题主要就是容量小，大概也就 4KB，而且 IE 6 只支持每个域名占有 20 个 cookie，并且需要复杂的解析操作，给程序员带来很多不便，为此，HTML5 规范提出了 Web 存储的解决方案。

4.4.1 Web 存储简介

关于 Web 存储，HTML 官方建议是每个网站最大容量为 5MB，对于只存些字符串的情况已足够用了。所有支持的浏览器目前都采用 5MB 的容量，有一些浏览器还可以让用户设置 Web 存储，IE 浏览器在 8.0 版本的时候就支持用户设置 Web 存储。Web 存储带来的好处如下所述。

（1）减少网络流量：数据保存在本地后，就可以避免再向服务器请求数据，因此减少不必要的数据请求，减少数据在浏览器和服务器间不必要地来回传递。

（2）快速显示数据：从本地读数据比通过网络从服务器获得数据速度快得多，本地数据可以即时获得，再加上 Web 页面本身也可以有缓存，因此，整个页面和数据如果都在本地，就可以立即显示。

（3）临时存储：很多时候数据只需要在用户浏览一组页面期间使用，关闭窗口后数据就可以丢弃了。

4.4.2 Web 存储的使用

在 HTML5 中，Web 存储是一个 window 的属性，包括本地存储和会话存储（Session Storage）。Web 存储 API 中包含 localStorage 和 sessionStorage 两个对象。localStorage 可以长期存储数据，没有时间限制，一天，一年甚至更长时间，所存储的数据依然可以使用。sessionStorage 在浏览器被关闭之前使用，创建另一个页面时同样可以使用，关闭浏览器之后数据就会消失。因此，sessionStorage 不是一种持久化的本地存储，仅

微课 4-16：Web
存储

仅是会话级别的存储。HTML5 中两种存储技术的最大区别就是其生命周期不同，localStorage 用于持久化的本地存储，除非主动删除数据，否则数据是永远不会过期的；sessionStorage 用于会话存储，页面关闭数据就会丢失。

HTML5 的本地存储 API 中的 localStorage 与 sessionStorage 在使用方法上是相同的。这里以 localStorage 为例介绍 HTML5 的本地存储。localStorage 使用键值对的方式进行存取数据，存取的数据只能是字符串，使用方法的示例代码如下。

```
localStorage.setItem("key","value")      //存储
localStorage.getItem("key")              //按 key 进行取值
localStorage.removeItem("key")           //删除单个值
localStorage.clear()                     //删除全部数据
localStorage.length                      //获得数据的数量
localStorage.key(N)                      //获得第 N 个数据的 key 值
```

还可以通过"."来访问 localStorage，示例代码如下。

```
localStorage.getltem("key")相当于 localStorage.key
localStorage.setltem("key","value")相当于 localStorage.key="value"
```

【例 4-10】localStorage 的存储与删除的应用，示例代码如下。

```
<!DOCTYPE html>
<html>
<head lang="en">
    <meta charset="UTF-8">
    <meta name="viewport" content="width=device-width,initial-scale=1,user-scalable=no" />
    <title> Web Storage </title>
</head>
<body>
    <input type='button' onclick='setItems()' value='存值'/>
    <input type='button' onclick='getItems()' value='取值'/>
    <input type='button' onclick='deleteItem()' value='删除'/>
</body>
<script>
    function setItems(){   //localStorage 存值永久有效
        var user = {};
        user.name = 'Adam Li';
        user.age = 25;
        user.home = 'China';
        localStorage.setItem('userinfo',JSON.stringify(user));
    }
    function getItems(){   //localStorage 取值
        var data = JSON.parse(localStorage.getItem('userinfo'));
        console.log("name:"+data.name+'\r age:'+data.age+"\r home:"+data.home);
    }
    function deleteItem(){ //localStorage 删除指定键对应的值
        localStorage.removeItem('userinfo');
        console.log(localStorage.getItem('userinfo'));
    }
</script>
</html>
```

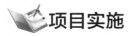
项目实施

任务 1 项目分析

本项目采用 localStorage 及 DOM 操作来实现对猜数字游戏"历史战绩"页面的展示,页面效果如图 4-8 所示,猜对时,页面中不但显示本次猜中幸运数字所花费的时间、次数等信息,而且同时显示历史战绩,即之前多次猜中幸运数字所花费的时间、次数、开始猜时的时间点等信息。

请输入 1 到 100 之间的数字：

进入数字游戏↓

^_^,恭喜您，猜对了，幸运数字是：22

共输入6次,用时33秒

game over
2019-4-6 10:13:17开始-输入6次-用时33秒
2019-4-6 9:39:55开始-输入7次-用时27秒
2019-4-6 9:37:32开始-输入7次-用时137秒
2019-4-6 9:35:38开始-输入3次-用时14秒
2019-4-6 9:32:32开始-输入5次-用时16秒
2019-4-6 9:31:45开始-输入8次-用时26秒
2019-4-5 22:32:5开始-输入6次-用时18秒
2019-4-5 22:30:41开始-输入10次-用时61秒

22

我 猜

再来一局

图 4-8　猜中时历史战绩直接展示效果

任务 2　HTML5 Web 存储实现猜数字游戏"历史战绩"页面展示

猜对时，表达式"guess == num"值为 true，需在 checknum()方法中 if(guess==num)
语句块的最后添加 localStorage 的取值和存储过程，将每次的战绩用数组存储起来，并加上本次
的战绩信息，示例代码如下。

```html
<!DOCTYPE html>
<html>
<head>
    <meta charset="UTF-8">
    <meta name="viewport" content="width=device-width,initial-scale=1,user- scalable =no" />
    <title>猜数字游戏</title>
    <style>
        #start {
                background-color: #007AFF;
                width: 91%;
                height: 60px;
                color: white;
                font-size: 26px;
                margin: 16px;
```

```
        }
        input {
                width: 90%;
                font-size: 26px;
                height: 50px;
                border: solid 2px darkgreen;
        }
        #info{
                color:  blue;
        }
        body {
                text-align: center;
        }
    </style>
</head>
<body>
    <p>请输入 1 到 100 之间的数字: </p>
    <p style="color: green; font-size:28px; font-weight: bolder;">进入数字游戏&dArr;</p>
    <div id="info"></div>
    <input id="myguess" type="number" placeholder="请输入 100 以内的数字"/><br />
    <button id="start">我  猜</button>
    <p id="re">再来一局</p>
    <script>
        var num, i, ks;
        var info = document.getElementById("info");
        var myguess = document.getElementById("myguess");
        var start = document.getElementById("start")
        var re = document.getElementById("re");
        function initNum() {                       //初始化数据
            num = Math.floor(Math.random() * 100 + 1); //产生 1~100 的随机整数
            i = 0;
            re.style.display = "none";
            info.innerHTML = "";
            start.disabled = false;
            ks = new Date();
        }
        initNum();
        re.onclick = function() {
            initNum();
        }
        myguess.onfocus = function() {
            myguess.select(); //myguess.value='';
        }
```

127

```javascript
            myguess.onchange = function() {
                checknum();
            }
        var arr = [];
        function checknum() {
            var guess = myguess.value - 0;
                ++i;
            if(guess == num) {
                    info.innerHTML = "^_^ ,恭喜您，猜对了，幸运数字是: " + num;
                    var over = new Date().getTime();
                    var m = Math.floor((over - ks.getTime()) / (1000)); //计算猜中时所用的秒数
                    info.innerHTML += "<br><br>共输入" + i + "次,用时" + m + "秒<br><br>game over";
                    var t = ks.getFullYear() + "-" + (ks.getMonth() + 1) + "-"+ ks.getDate()
+ " " ;

                    t += ks.getHours() + ":"+ ks.getMinutes() + ":" + ks.getSeconds();
                    var his = t+ "开始-输入" + i + "次-用时" + m + "秒";
                    if(localStorage.getItem("arr")) {          //如果有记录就获取
                        arr = localStorage.getItem("arr").split(",");//将字符串转换成数组
                    }
                    arr.push(his);                  //将本次的信息添加到数组
                    localStorage.setItem("arr", arr); //将更新过的信息存储到本地
                        var n = arr.length - 1;
                        for(; n >= 0; n--) {
                                info.innerHTML += "<div>" + arr[n] + "</div>";
                        }
                    re.style.display = "block";
                    return;
            }
            if(guess < num) {
                    info.innerHTML = "^_^ ,第" + i + "次输入,您猜的数字" + guess + "有些小了";
            }
            else {
                    info.innerHTML = "^_^ ,第" + i + "次输入，您猜的数字" + guess + "有些大了";
            }
            if(i >= 10) {
                    info.innerHTML = "您已经没机会了，真遗憾！ ";
                    start.disabled = true;
                    re.style.display = "block";
            }
        }
    </script>
  </body>
</html>
```

任务 3 猜数字游戏拓展：实现"历史战绩"页面展示功能的封装

实现展示功能的封装，单击"历史战绩"链接，显示历史战绩，即最近 6 次猜中幸运数字所花费的时间、次数、开始猜时的时间点等记录的信息，如图 4-9 所示，示例代码如下。

图 4-9 列表展示最近 6 次记录

```
<!DOCTYPE html>
<html>
 <head>
     <meta charset="UTF-8">
     <meta name="viewport" content="width=device-width,initial-scale=1, user- scalable=no" />
     <title>猜数字游戏</title>
     <style>
         #start {
                 background-color: #007AFF;
                 width: 91%;
                 height: 60px;
                 color: white;
                 font-size: 26px;
                 margin: 16px;
         }
         input {
                 width: 90%;
                 font-size: 26px;
```

```
                height: 50px;
                border: solid 2px darkgreen;
            }
            #info{
                color:  blue;
            }
            body {
                text-align: center;
            }
        </style>
    </head>
<body>
    <p>请输入 1 到 100 之间的数字: </p>
    <p style="color: green; font-size:28px; font-weight: bolder;">进入数字游戏&dArr;</p>
    <div id="info"></div>
    <input id="myguess" type="number" placeholder="请输入 100 以内的数字"/><br />
    <button id="start">我  猜</button>
    <p id="re">再来一局</p>
    <div id="show">历史战绩</div>
    <script>
        var num, i, ks;
        var info = document.getElementById("info");
        var myguess = document.getElementById("myguess");
        var start = document.getElementById("start");
        var re = document.getElementById("re");
        var show=document.getElementById("show");
        function initNum() {                        //初始化数据
            num = Math.floor(Math.random() * 100 + 1); //产生1~100 的随机整数
            i = 0;
            re.style.display = "none";
            info.innerHTML = "";
            start.disabled = false;
            ks = new Date();
        }
        initNum();
        re.onclick = function() {
            initNum();
        }
        myguess.onfocus = function() {
            myguess.select();   //myguess.value='';
        }
        myguess.onchange = function() {
            checknum();
```

```
        }
        function showH (){
            show.innerHTML ="历史战绩";
            if(localStorage.getItem("arr")) {
                    arr = localStorage.getItem("arr").split(",");
            }
            var n = arr.length - 1;
            var j=1;
            for(; n > 0; n--) {
                show.innerHTML += "<div>" + arr[n] + "</div>"
                j++;
                if(j>6)
                    break;
            }
        }
        show.onclick = function() {
            showH();
        }
        var arr = [];
        function checknum() {
            var guess = myguess.value - 0;
            ++i;
            if(guess == num) {
                info.innerHTML = "^_^ ,恭喜您, 猜对了, 幸运数字是: " + num;
                var over = new Date().getTime();
                var m = Math.floor((over - ks.getTime()) / (1000)); //计算猜中所用的秒数
                info.innerHTML += "<br><br>共输入" + i + "次,用时" + m + "秒<br><br>game over";
                var t = ks.getFullYear() + "-" + (ks.getMonth() + 1) + "-"+ ks.
getDate() + " " ;

                t += ks.getHours() + ":"+ ks.getMinutes() + ":" + ks.getSeconds();
                var his = t + "开始-输入" + i + "次-用时" + m + "秒";
                if(localStorage.getItem("arr")) {
                    arr = localStorage.getItem("arr").split(",");
                }
                arr.push(his);
                localStorage.setItem("arr", arr);
                re.style.display = "block";
                return;
            }
            if(guess < num)     {
                info.innerHTML = "^_^ ,第" + i + "次输入,您猜的数字" + guess + "有些小了";
            }
            else     {
```

```
                    info.innerHTML = "^_^ ,第" + i + "次输入，您猜的数字" + guess + "有些大了";
                }
            if(i >= 10)      {
                    info.innerHTML = "您已经没机会了，真遗憾！ ";
                    start.disabled = true;
                    re.style.display = "block";
                }
            }
        }
    </script>
  </body>
</html>
```

任务 4 **猜数字游戏拓展：列表形式展示历史战绩**

单击"历史战绩"链接，显示图 4-2 所示的历史战绩。需在任务 3 的基础上更改 showH()
方法，并增加样式。

showH()方法更改的示例代码如下。

```
function showH() {
    show.innerHTML = "历史战绩";
    if(localStorage.getItem("arr")) {
        arr = localStorage.getItem("arr").split(",");
    }
    var n = arr.length - 1;
    var j = 1;
    show.innerHTML += "<ul>"
    for(; n >= 0; n--) {
        show.innerHTML += "<li><span class='number'>" + j + "</span>" + arr[n] + "</li>";
        j++;
        if(j > 6) {
            break;
        }
    }
    show.innerHTML += "</ul>";
}
```

增加样式代码如下。

```
li {
    list-style-type: none;
    text-align: left;
    margin-bottom: 10px;
}
.number {
```

```
        display: inline-block;
        width: 26px;
        height: 26px;
        background-color: darkgreen;
        color: white;
        font-weight: bolder;
        font-size: 18px;
        line-height: 28px;
        border-radius: 26px;
        text-align: center;
        margin: 6px 10px;
    }
```

任务 5 猜数字游戏拓展："历史战绩"页面展示（通过创建 DOM 节点）

在任务 4 的基础上修改 showH()方法为如下代码即可。

```
function showH() {
    show.innerHTML = "历史战绩";
    if(localStorage.getItem("arr")) {
        arr = localStorage.getItem("arr").split(",");
    }
    var n = arr.length - 1;
    var j = 1;
    var newul=document.createElement("ul");
    for(; n >= 0; n--) {
        var newli=document.createElement("li");
        var newspan=document.createElement("span");
        newspan.classList.add('number');
        var newTindex= document.createTextNode(j);
        newspan.appendChild(newTindex);    //向 span 元素追加文本节点
        newli.appendChild(newspan);
        var newT= document.createTextNode(arr[n]);
        newli.appendChild(newT);    //向 li 元素追加文本节点
        newul.appendChild(newli);
        j++;
        if(j > 6) {
            break;
        }
    }
    show.appendChild(newul);
}
```

注意：实现元素样式动态添加的语句示例代码如下。

```
newspan.classList.add('number');
```

相当于

```
newspan.className="number";
```

也相当于

```
newspan.setAttribute("class","number");
```

还相当于

```
var newArr= document.createAttribute ("class"); //创建一个名为"class"的属性节点
newArr.value="number";
newspan.setAttributeNode(newArr);            //添加属性到 span 元素中
```

单元小结

本单元介绍了 DOM，重点介绍了 DOM 的具体应用，如节点的获取、创建、添加、删除、替换和复制等操作；还介绍了 DOM 事件的绑定方式及 Web 存储的使用。内容总结如下。

（1）获取元素对象的方法如下。

① getElementById()方法：通过 id 属性值获取。

② getElementsByTagName()方法：通过标签名称获取。

③ getElementsByName()方法：通过 name 属性值获取。

④ getElementsByClassName()方法：通过 class 属性值获取。

⑤ querySelector()：仅仅返回匹配指定选择器的第一个元素。

⑥ querySelectorAll()：返回所有元素。

（2）修改 DOM 的方法如下。

① 创建节点：createElement(element)方法创建元素节点，createTextNode(string)方法创建文本节点，createAttribute(name)方法创建属性节点。

② 添加节点：appendChild(newChild)方法添加新节点到方法所属节点的尾部；insertBefore(newNode,targetNode)方法将新节点 newNode 插入相对节点 targetNode 前面。

③ 删除节点：removeChild(node)方法删除节点 node。

④ 替换节点：replaceChild(newChild,oldChild)方法用新节点 newChild 替换原节点 oldChild。

⑤ 复制节点：oldElement.cloneNode(deep)方法复制并返回调用它的节点的副本。

（3）遍历 DOM 元素，添加以下 5 个属性。

① childElementCount：返回子元素（不包括文本节点和注释）的个数。

② firstElementChild: 指向第一个子元素, firstChild 的元素版。

③ lastElementChild: 指向最后一个子元素, lastChild 的元素版。

④ previousElementSibling: 指向前一个同辈元素, previousSibling 的元素版。

⑤ nextElementSibling: 指向后一个同辈元素, nextSibling 的元素版。

（4）DOM 事件绑定和处理: 可以为某个元素绑定事件, 绑定的方式有以下 3 种。

① 在 HTML 中, 指定事件处理程序。

② 将一个函数赋值给一个事件处理属性。

③ 在 JavaScript 中, 使用 addEvenListener()方法。

首选第②、③种, 第①种不利于将内容与事件分离, 也不能使用 event 对象的相关内容。

（5）Web 存储 API 中包含两个关键的对象, localStorage 对象用于本地存储, sessionStorage 对象用于会话存储。Web 存储设置数据和读取数据比较方便, 且容量大（相对于 cookie）。Web 存储只能存储字符串, 如果要存储 JSON 对象, 就先使用 JSON 的 stringify()方法和 parse()方法进行序列化和解析。

课后训练

【理论测试】

1. 下面（   ）方法能获得焦点。

    A. blur()   B. onblur()   C. focus()   D. onfocus()

2. 当鼠标指针移到页面中某个图片上时, 图片出现一个边框, 并且图片放大, 这是因为触发了（   ）事件。

    A. onclick   B. onmousemove   C. onmouseout D. onmousedown

3. 页面中有一个文本框和一个类 change, change 可以改变文本框的边框样式, 那么使用（   ）不可以实现当鼠标指针移到文本框上时使文本框的边框样式发生变化。

    A. onmouseover="className='change'";

    B. onmouseover="this.className='change'";

    C. onmouseover="this.style.className='kchange'";

    D. onmousemove="this.style.border='solid 1px #ff0000'";

4. 在节点<body>下添加一个<div>标签, 正确的语句为（   ）。

    A. var div1 = document.createElement("div");document.body.
       appendChild(div1);

    B. var div1 = document.createElement("div");document.body.
       deleteChild(div1);

    C. var div1 = document.createElement("div");document.body.
       removeChild(div1);

    D. var div1 = document.createElement("div");document.body.
        replaceChild(div1);

5. 某页面中有一个 id 属性值为 main 的 div 元素，div 元素中有两个图片及一个文本框，下列（   ）能够完整地复制 main 节点及 div 元素中的所有内容。

    A. document.getElementById("main").cloneNode(true);

    B. document.getElementById("main").cloneNode(false);

    C. document.getElementById("main").cloneNode();

    D. main.cloneNode();

6. 在使用事件处理程序对页面进行操作时，最主要的是通过对象的事件来绑定事件处理程序，其绑定方式主要有（   ）。

    A. 直接在 HTML 中指定   B. 在 JavaScript 中说明

    C. 指定特定对象的特定事件   D. 以上 3 种方法皆可

【实训内容】

1. 使用 JavaScript 实现在一个文本框中内容发生改变后，单击页面的其他部分将弹出一个消息框显示文本框中的内容。

2. 假设页面上\<div\>标签的主要结构为"\<div id="container"\>\</div\>"，请写出对应的 JavaScript 代码，实现鼠标在该 div 元素内单击后追加段落子元素，形成类似"\<div\>\<p\>单击追加的段落\</p\>\</div\>"的结构。

微课 4-17：DOM
操作

3. 综合应用：对同一文档实现节点的创建、添加、删除、替换和复制。

单元 5

MUI 移动端框架初体验

项目导入

MUI 是最接近原生 App 体验的高性能前端框架。学习 MUI 的常用组件，可以实现在线测试系统的首页布局效果和登录页布局效果。本项目将利用 MUI 结合 JavaScript 实现猜数字游戏的整体功能，包括引页、功能页面和"历史战绩"页面效果。

职业能力目标和要求	能够使用 HBuilder 创建基于 MUI 的 App 项目。 掌握 MUI 的基础架构，能够使用 MUI 实现页面基础布局。 能使用 mGallery-Table（图文表格）布局页面。 能够运用 MUI-List（列表/图文列表）布局页面。 能使用底部 Tab 导航布局页面。 能够运用 MUI 实现页面的整体布局。 能使用数字角标（Badge）实现数字展示。 能使用常用的 MUI 消息框（Dialog）。 能使用基于 MUI 的按钮和输入框实现表单的应用。 能使用 MUI 选择器及常用方法访问页面元素。 能实现 MUI 单个元素的事件绑定和多个元素的批量事件绑定。

项目描述：基于 MUI 的移动版猜数字游戏

本项目采用 MUI 布局，结合 JavaScript 实现猜数字游戏。单击图 5-1 中的"Start"按钮开始游戏，打开如图 5-2 所示的输入数字界面，多次输入猜测数字，相应提示输入的值偏小或者偏大，并使背景更换为做鬼脸的图片，如图 5-2 和图 5-3 所示。猜测成功后展示猜中数字所用的时间及次数，并使背景更换为夸赞用户的图片，页面效果如图 5-4 所示。在图 5-1～图 5-4 所示的任何一个界面中单击"历史战绩"链接，都可以打开图 5-5 所示的界面，展示历史战绩效果。

图 5-1　开始游戏界面

图 5-2　输入数字偏大时提示界面

图 5-3　输入数字偏小时提示界面

图 5-4　猜测成功界面

图 5-5　历史战绩界面

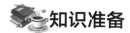

知识准备

5.1 MUI 移动端框架初体验

MUI 是一套前端框架，由 DCloud 公司研发而成。MUI 提供了大量 HTML5 和 JavaScript 组成的组件，大大提高了开发效率，还可以用于开发 Web 端应用、WebApp、混合开发应用等。MUI 是一个可以方便开发出高性能 App 的框架，利用 MUI，用户在使用 App 时可以得到接近原生 App 的操作体验。在 MUI 官网上可以看到使用说明文档。

5.1.1 MUI 介绍

MUI 是国产的开源框架，有丰富的代码提示、友好的操作界面、强大的底层调用。HBuilder 可以快速开发出 WebApp 页面，而它在 MUI 中的速度非常快。HBuilder 内置 HTML5+App 开发环境，提供了一套完整的移动应用开发解决方案；内置 HTML5+API 语法提示，提高了开发效率；集成真机运行环境，方便开发后即时在真机上查看运行效果；集成应用云端打包系统，不用部署 Xcode 和 Android SDK 就可以打包应用。MUI 使程序员只需要使用 HTML5、JavaScript、CSS 技术就可以快速开发跨平台的移动应用。

MUI 的使用方式非常简单，在常规的移动端页面架构中只需要引入 MUI 中相应的封装好的 CSS 样式文件和 JavaScript 功能文件，使用基于 MUI 的页面样式布局和简单的逻辑操作，就能快速开发 App，十分方便。

MUI 对样式和 API 进行了封装，大部分功能使用标签元素特定的 id 属性或者属性类名 class 进行绑定，便于实现样式的展示和功能的使用。

同时，MUI 使用了组件化的思想，把特有的组件封装在单独的 CSS 样式文件和 JavaScript 功能文件中，一方面可以减少 MUI 主体的容量，使 MUI 整体更加轻量化；另一方面可以在不同的页面进行特定组件的使用，更大程度减少了代码的冗余，提高了开发效率，可以大大缩短开发周期，提高项目的收益。

5.1.2 创建 MUI 新项目

微课 5-1：新建基于 MUI 的 App

启动 HBuilder，选择"文件"|"新建"|"创建移动 App"命令，就可以搭建一个移动 App 项目，对话框如图 5-6 所示，在"应用名称"文本框中输入项目的名称（如 myApp），在"选择模板"列表框中勾选"mui 项目"复选框，单击"完成"按钮即可。

1. 文件结构介绍

新项目的目录结构如图 5-7（a）所示，用户可以自行添加文件夹（如 img），效果示例如图 5-7（b）所示。

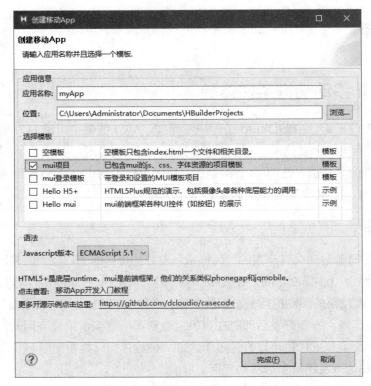

图 5-6 "创建移动 App"对话框

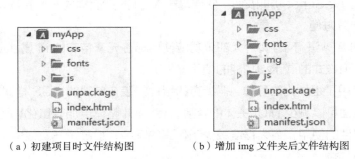

（a）初建项目时文件结构图　　　（b）增加 img 文件夹后文件结构图

图 5-7 文件结构图

页面结构说明如下。

（1）|_ css：样式表文件夹。

（2）|_ fonts：字体文件夹。

（3）|_ img：图片表文件夹。

（4）|_ js：JavaScript 文件夹。

（5）|_ index.html：默认的入口文件。

（6）|_ manifest.json：配置文件。

建好项目后，可以通过新建 HTML 文件新增页面。目录中的 manifest.json 文件几乎包含了
App 的所有设置，双击打开，可以看到图 5-8 所示的界面。

图 5-8　manifest.json 文件

"应用信息"选项卡中包含了 App 的名称、版本号、首页文件等，对于图标配置、启动图片配置以及需要的各种 SDK 配置等，用户可以根据自己的需求自行设置。比如要更改入口文件，可单击"页面入口"文本框右侧的"选择"按钮，通过打开的对话框选择其他文件作为起始页面；又如要实现 App 全屏显示，可切换到"代码视图"选项卡，在根节点下添加 fullscreen 节点（"fullscreen":true,）后按"Ctrl+S"组合键保存文件即可生效，在真机运行时，界面将以全屏显示。

2．调试及运行

开发过程中，对每个页面都要进行大量的调试，HBuilder 也支持这种操作。常用的方式有多种，如直接通过浏览器调试、通过手机运行调试、通过模拟器调试，其中，直接通过浏览器调试是最方便的一种，除了 plus 部分的代码以外，其他部分都可以通过浏览器调试，单元 1 中 1.2.5 小节有 Chrome 浏览器模拟移动设备调试的方法。

不管是 iOS 系统还是 Android 系统，也不管是模拟器还是真机，都可以与 HBuilder 连接进行真机运行。以往开发 App，如果改一个界面，就需要打包后安装到手机上，然后进入修改后的界面查看是否改对，没有改对则需要循环这套操作，非常低效。有了真机运行，改了代码后保存，可以在手机上立即看到效果，要是在手机上运行时发生错误，那么日志和错误信息也都可以反馈到 HBuilder 控制台。

注意：单元 1 中 1.2.5 小节介绍的手机真机调试部分，有真机联机的步骤。

3．App 程序的打包

选中项目，选择"发行"｜"发行为原生安装包"命令，打开图 5-9 所示的对话框，单击"打包"按钮，就可以在不需要 Xcode 和 Android SDK 的情况下直接在云端打包 App 程序。

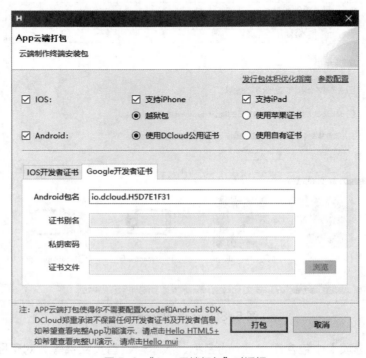

图 5-9 "App 云端打包"对话框

打包完成后显示界面如图 5-10 所示，可以得到 Android 系统的 apk 文件和 iOS 系统的 ipa 文件。

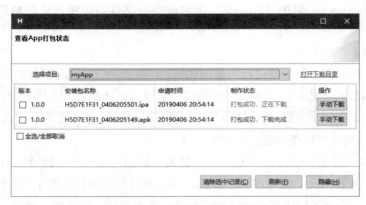

图 5-10 "查看 App 打包状态"对话框

5.2　基础布局

5.2.1　MUI 组件

MUI 提供了大量的组件，例如只需要在 HBuilder 中输入一个"m"字母，就可以弹出列表显示各种组件供选择，如图 5-11 所示。

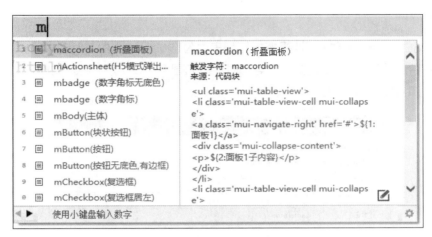

图 5-11　MUI 组件列表

选中需要的组件，按"Enter"键，代码便可直接生成！比如选择 maccordion 后按"Enter"键，就会直接生成如下代码。

```html
<ul class="mui-table-view">
    <li class="mui-table-view-cell mui-collapse">
        <a class="mui-navigate-right" href="#">面板 1</a>
        <div class="mui-collapse-content"><p>面板 1 子内容</p></div>
    </li>
    <li class="mui-table-view-cell mui-collapse">
        <a class="mui-navigate-right" href="#">面板 2</a>
        <div class="mui-collapse-content"><p>面板 2 子内容</p> </div>
    </li>
    <li class="mui-table-view-cell mui-collapse">
        <a class="mui-navigate-right" href="#">面板 3</a>
        <div class="mui-collapse-content"><p>面板 3 子内容</p></div>
    </li>
</ul>
```

运行代码，可以看到一个折叠面板，效果如图 5-12 所示。

相比于其他框架需要自己手写样式的方式，这种操作非常简单、方便。

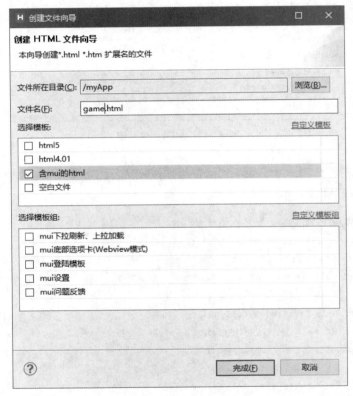

图 5-12 MUI 折叠面板

5.2.2 创建页面

新建 HTML 文件的时候在"选择模板"列表中勾选"含 mui 的 html"复选框，可以自动导入所需要的各种默认配置，"创建文件向导"对话框如图 5-13 所示，在"文件名"文本框中输入文件的名称（如 game.html）。

图 5-13 "创建文件向导"对话框

单击"完成"按钮进入 game.html 页面，可以发现 MUI 相关的 CSS 代码和 JavaScript 代码已经自动导入到 game.html 页面。创建页面最实用的方法是找路径，无论在哪个目录中新建页面，HBuilder 总能正确导入。以 MUI 模板创建的文件，都有已经引用的如下两个文件。

```
<link href="css/mui.min.css" rel="stylesheet"/>
<script src="js/mui.min.js"></script>
```

创建完成后的 game.html 完整代码以及详细解释如下。

```html
<!doctype html>                    <!--这是标准的 HTML5 文档类型-->
<html>
    <head>
        <meta charset="UTF-8">     <!--UTF-8 表示国际通用的字符集编码格式-->
        <title> Sample Page!</title>
        <meta name="viewport" content="width=device-width,initial-scale=1,minimum-scale=1,
maximum-scale=1,user-scalable=no" />
        <link href="css/mui.min.css" rel="stylesheet" /><!--导入页面所需要的 MUI 的 CSS 文件-->
    </head>
    <body>
        <script src="js/mui.min.js"></script> <!--导入页面所需要的 MUI 的 JavaScript 文件-->
        <script type="text/javascript">
            mui.init();  // MUI 页面初始化函数
        </script>
    </body>
</html>
```

为了安全起见，一般在页面初始化完毕之后才允许执行 JavaScript 代码，这样可以避免网速对执行 JavaScript 代码的影响，同时也避开了 HTML 文档流对于执行 JavaScript 代码的限制。

5.2.3 顶部标题栏与主体

在<body></body>标签对中输入"mh"会自动弹出"mheader"的提示，选择带返回箭头或者不带返回箭头的标题栏，核心样式为 mui-bar mui-bar-nav，示例代码如下。

微课 5-2：基于 MUI 的页面基本结构

```html
<header class="mui-bar mui-bar-nav"><!-- App 顶部标题栏区域-->
    <!--标题栏左上角返回按钮，首页不需要返回按钮，删除即可-->
    <!--<a class="mui-action-back mui-icon mui-icon-left-nav mui-pull-left"></a>-->
    <h1 class="mui-title">game</h1> <!--顶部标题栏-->
</header>
```

在顶部标题栏下面输入"mb"，选择"mBody"生成页面的主体部分，主体部分其实就是一个 div 元素。在这里书写"主体内容部分…"，核心样式为 mui-content，示例代码如下。

```html
<div class="mui-content">主体内容部分…</div>
```

基础页面的示例代码如下。

```html
<!doctype html>                    <!--这是标准的 HTML5 文档类型-->
<html>
    <head>
        <meta charset="UTF-8">     <!--UTF-8 表示国际通用的字符集编码格式-->
        <title> Sample Page!</title>
```

```
            <meta name="viewport" content="width=device-width,initial-scale=1,minimum-scale=1,
maximum-scale=1,user-scalable=no" />
            <link href="css/mui.min.css" rel="stylesheet" /><!--导入页面所需要的 MUI 的 CSS 文件-->
        </head>
        <body>
            <header class="mui-bar mui-bar-nav"><!--App 顶部标题栏区域-->
                <a class="mui-action-back mui-icon mui-icon-left-nav mui-pull-left"></a>
<!--返回按钮-->
                <h1 class="mui-title">hello</h1><!--顶部标题栏-->
            </header>
            <div class="mui-content">内容部分.... </div>
            <script src="js/mui.min.js"></script><!--导入页面所需要的 MUI 的 JavaScript 文件-->
            <script type="text/javascript">
                mui.init();    // MUI 页面初始化函数
            </script>
        </body>
    </html>
```

MUI 文件由顶部标题栏部分和内容部分组成，在写一个页面的时候，大部分都会用到这样的排版格式。然后在采用 mui-content 样式的容器中输入"m"便会出现海量的组件可以选择。

带有.mui-bar 属性的组件都是基于 fixed 定位的元素，常见组件包括顶部导航栏（.mui-bar-nav）、底部工具条（.mui-bar-footer）、底部选项卡（.mui-bar-tab）；这些元素使用时需遵循一个规则，即带有.mui-bar 属性的元素放在.mui-content 元素之前，即使是底部工具条和底部选项卡，也要放在.mui-content 元素之前，否则固定栏会遮住部分主体内容。

除了固定栏之外，其他内容都要包裹在.mui-content 元素中，否则就有可能被固定栏遮住，因为固定栏基于 fixed 定位，不受流式布局限制，普通内容依然会从 top:0 的位置开始布局。

5.2.4 mGallery-Table（图文表格）

在主体内容部分中输入"ms"，弹出列表，选择"mGallery-Table"，就可以生成一个列表，修改 img 对象的 src 属性的值及说明文字，得到图 5-14 所示的效果，示例代码如下。

```
<ul class="mui-table-view mui-grid-view">
    <li class="mui-table-view-cell mui-media mui-col-xs-6">
            <a href="#">
                <img class="mui-media-object" src="img/ks.png">
                <div class="mui-media-body">复习指南</div>
            </a>
    </li>
    <li class="mui-table-view-cell mui-media mui-col-xs-6">
            <a href="#">
                <img class="mui-media-object" src="img/shu.png ">
                <div class="mui-media-body">测试纲要</div>
```

```
                </a>
        </li>
</ul>
```

复习指南   测试纲要

图 5-14　MUI 图文表格

5.2.5　MUI-List（列表/图文列表）

1. 普通列表

列表是常用的 UI 控件，MUI 封装的列表组件都比较简单，只需要在 ul 节点上引用.mui-table-view 类、在 li 节点上引用.mui-table-view-cell 类即可，示例代码如下。

```
<ul class="mui-table-view">
        <li class="mui-table-view-cell">Item 1</li>
        <li class="mui-table-view-cell">Item 2</li>
        <li class="mui-table-view-cell">Item 3</li>
</ul>
```

如果列表右侧需要增加导航箭头，变成导航链接，就只需在 li 节点下增加 a 子节点，并为 a 子节点引用.mui-navigate-right 类即可。例如，在 MUI 主体内容部分中输入"ml"，弹出列表，选择"mList"，就可以生成一个列表，示例代码如下。

```
<ul class="mui-table-view">
        <li class="mui-table-view-cell"><a class="mui-navigate-right">Item 1</a></li>
        <li class="mui-table-view-cell"><a class="mui-navigate-right">Item 2</a></li>
        <li class="mui-table-view-cell"><a class="mui-navigate-right">Item 3</a></li>
</ul>
```

修改说明文字，示例代码如下。

```
<ul class="mui-table-view">
        <li class="mui-table-view-cell"><a class="mui-navigate-right">单元测试 1</a></li>
        <li class="mui-table-view-cell"><a class="mui-navigate-right">单元测试 2</a></li>
</ul>
```

2. MUI 图文列表

图文列表继承自列表组件，主要引用了.mui-media、.mui-media-object、.mui-media-body 几个类，在主体内容部分中输入"ml"，弹出列表，选择"mListMedia"，就可以生成一个有图片居左的列表。修改 img 对象的 src 属性的值及说明文字，得到图 5-15 所示的效果，示例代码如下。

```html
<ul class="mui-table-view">
    <li class="mui-table-view-cell mui-media">
        <a href="javascript:;">
            <img class="mui-media-object mui-pull-left" src="img/js.jpg">
            <div class="mui-media-body">
                技术文章
                <p class="mui-ellipsis">JavaScript 学习指南 0 基础入门到精通（一）.</p>
            </div>
        </a>
    </li>
    <li class="mui-table-view-cell mui-media">
        <a href="javascript:;">
            <img class="mui-media-object mui-pull-left" src="img/js.jpg">
            <div class="mui-media-body">
                技术文章
                <p class="mui-ellipsis">JavaScript 学习指南 0 基础入门到精通（二）.</p>
            </div>
        </a>
    </li>
    <li class="mui-table-view-cell mui-media">
        <a href="javascript:;">
            <img class="mui-media-object mui-pull-left" src="img/js.jpg">
            <div class="mui-media-body">
                技术文章
                <p class="mui-ellipsis">JavaScript 学习指南 0 基础入门到精通（三）.</p>
            </div>
        </a>
    </li>
</ul>
```

图 5-15　修改后的 MUI 图文列表

5.2.6 底部 Tab 导航的使用

输入"mt",弹出列表,选择"mTab",就可以生成底部选项卡,称为"底部 Tab 导航",其 DOM 结构的示例代码如下。

```
<nav class="mui-bar mui-bar-tab">
    <a class="mui-tab-item mui-active">
        <span class="mui-icon mui-icon-home"></span>
        <span class="mui-tab-label">首页</span>
    </a>
    <a class="mui-tab-item">
        <span class="mui-icon mui-icon-phone"></span>
        <span class="mui-tab-label">电话</span>
    </a>
    <a class="mui-tab-item">
        <span class="mui-icon mui-icon-email"></span>
        <span class="mui-tab-label">邮件</span>
    </a>
    <a class="mui-tab-item">
        <span class="mui-icon mui-icon-gear">
        </span><span class="mui-tab-label">设置</span>
    </a>
</nav>
```

MUI 中的图标并不是图片,而是字体。每个图标都有对应的样式类,修改图标对应的样式类即可更换图标效果。例如,修改每组<a>标签内 span 对象的 class 属性的值及说明文字,达到图 5-16 所示的底部效果,示例代码如下。

```
<nav class="mui-bar mui-bar-tab">
    <a class="mui-tab-item mui-active">
        <span class="mui-icon mui-icon-home"></span>
        <span class="mui-tab-label">首页</span>
    </a>
    <a class="mui-tab-item" >
        <span class="mui-icon mui-icon-chat"></span>
        <span class="mui-tab-label">消息</span>
    </a>
    <a class="mui-tab-item">
        <span class="mui-icon mui-icon-compose"></span>
        <span class="mui-tab-label">我的测试</span>
    </a>
    <a class="mui-tab-item">
        <span class="mui-icon mui-icon-person"></span>
        <span class="mui-tab-label">我的</span>
```

```
        </a>
    </nav>
```

【例 5-1】实现在线测试系统首页效果，如图 5-16 所示，示例代码如下。

微课 5-3：在线
测试系统首页
制作

```
<!doctype html>
 <html>
     <head>
         <meta charset="UTF-8">
         <title>测试首页</title>
         <meta name="viewport" content="width=device-width,initial-scale=1,
minimum-scale=1,maximum-scale=1,user-scalable=no" />
         <link href="css/mui.min.css" rel="stylesheet" />
         <link href="css/comment.css" rel="stylesheet" />
     </head>
     <body>
       <header class="mui-bar mui-bar-nav">
          <h1 class="mui-title">首　页</h1>
       </header>
        <nav class="mui-bar mui-bar-tab">
            <a class="mui-tab-item mui-active">
                 <span class="mui-icon mui-icon-home"></span>
                 <span class="mui-tab-label">首页</span>
            </a>
            <a class="mui-tab-item">
                 <span class="mui-icon mui-icon-chat"></span>
                 <span class="mui-tab-label">消息</span>
            </a>
            <a class="mui-tab-item">
                 <span class="mui-icon mui-icon-compose"></span>
                 <span class="mui-tab-label">我的测试</span>
            </a>
            <a class="mui-tab-item">
                 <span class="mui-icon mui-icon-person"></span>
                 <span class="mui-tab-label">我的</span>
            </a>
        </nav>
        <div class="mui-content">
            <ul class="mui-table-view mui-grid-view">
                <li class="mui-table-view-cell mui-media mui-col-xs-6">
                    <a href="#">
                        <img class="mui-media-object" src="img/ks.png">
                        <div class="mui-media-body">复习指南</div>
                    </a>
```

```
                            </li>
                            <li class="mui-table-view-cell mui-media mui-col-xs-6">
                                <a href="#">
                                    <img class="mui-media-object" src="img/shu.png">
                                    <div class="mui-media-body">测试纲要</div>
                                </a>
                            </li>
                        </ul>
                        <ul class="mui-table-view">
                            <li class="mui-table-view-cell mui-media">
                                <a href="javascript:;">
                                    <img class="mui-media-object mui-pull-left" src="img/js.jpg">
                                    <div class="mui-media-body">
                                        技术文章
                                        <p class="mui-ellipsis">JavaScript 学习指南 0 基础入门到精通
(一).</p>
                                    </div>
                                </a>
                            </li>
                            <!--布局如上多个类似的 li -->
                        </ul>
                </div>
                <script src="js/mui.min.js"></script>
                <script type="text/javascript">
                    mui.init();
                </script>
        </body>
</html>
```

实现首页效果所引用的自定义样式文件 comment.css 示例代码如下。

```
.mui-bar-nav,.mui-title{
    background-color: #00A1EC;
    color: white;
    font-weight: bold;
    font-size: 20px;
    letter-spacing: 1px;
}
```

拓展：在 MUI 中增加自定义 icon 图标。

MUI 遵循极简原则，icon 图标也是如此，MUI 仅集成了原生系统中最常用的图标。访问阿里巴巴矢量图标库官网，可直接使用新浪微博账号登录，然后把生成的新图标下载到本地。在 MUI 中增加自定义 icon 图标，为保证和 MUI 目录结构统一，建议将字体文件放在 fonts 目录下，需要修改@font-face 下的 url 属性，修改的示例代码如下。

图 5-16　在线测试系统首页效果

```
@font-face {font-family: "iconfont"; src:url('../fonts/iconfont.ttf') format('truetype'); }
```

将 iconfont.css 及 iconfont.ttf 两个文件分别复制到 MUI 项目中的 css 目录及 fonts 目录下，然后在 MUI 中引用刚生成的字体图标<link rel="stylesheet" href="css/iconfont.css">即可。

5.2.7　使用数字角标实现数字展示

数字角标一般和其他控件（列表、9 宫格、选项卡等）配合使用，也可以单独使用，用于数量提示。数字角标的核心类是.mui-badge，默认为实心灰色背景；同时，MUI 还内置了蓝色（Blue）、绿色（Green）、黄色（Yellow）、红色（Red）、紫色（Purple）5 种色系的数字角标，MUI 默认将数字角标放在列表右侧显示，如图 5-17 所示。用数字角标实现数字展示的代码如下。

```
<ul class="mui-table-view">
  <li class="mui-table-view-cell">Item 1<span class="mui-badge mui-badge-primary">11</span></li>
  <li class="mui-table-view-cell">Item 2<span class="mui-badge mui-badge-success">22</span></li>
  <li class="mui-table-view-cell">Item 3<span class="mui-badge mui-badge-warning">33</span></li>
  <li class="mui-table-view-cell">Item 4<span class="mui-badge mui-badge-danger">44</span></li>
  <li class="mui-table-view-cell">Item 5<span class="mui-badge mui-badge-royal">55</span></li>
  <li class="mui-table-view-cell">Item 6<span class="mui-badge">66</span></li>
</ul>
```

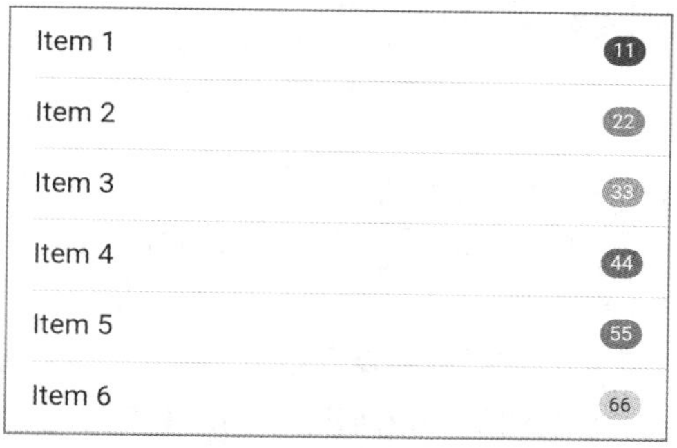

图 5-17　有底色数字角标与列表

如果数字角标无需底色，就引用.mui-badge-inverted 类即可，效果如图 5-18 所示，示例代码如下。

```
<ul class="mui-table-view">
    <li class="mui-table-view-cell">Item 1<span class="mui-badge mui-badge-inverted">1</span>
    <li class="mui-table-view-cell">
            Item 2<span class="mui-badge mui-badge-primary mui-badge-inverted">2</span>
    </li>
    <li class="mui-table-view-cell">
            Item 3<span class="mui-badge mui-badge-success mui-badge-inverted">3</span>
    </li>
    <li class="mui-table-view-cell">
            Item 4<span class="mui-badge mui-badge-warning mui-badge-inverted">4</span>
    </li>
    <li class="mui-table-view-cell">
            Item 5<span class="mui-badge mui-badge-danger mui-badge-inverted">5</span>
    </li>
    <li class="mui-table-view-cell">
            Item 6<span class="mui-badge mui-badge-royal mui-badge-inverted">6</span>
    </li>
</ul>
```

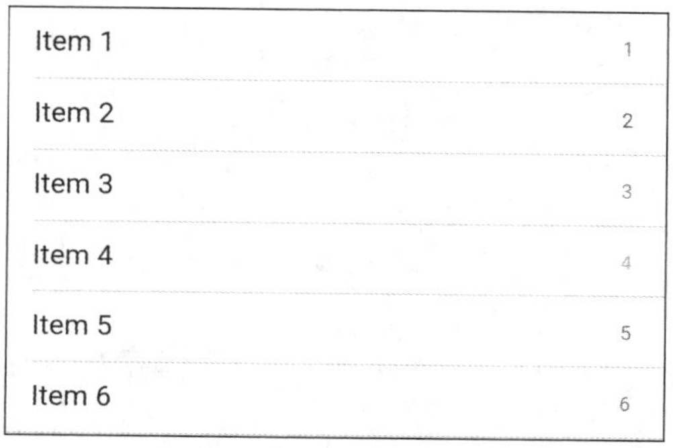

图 5-18　无底色数字角标与列表

5.3 MUI 选择器及常用方法

5.3.1 MUI 选择器

MUI 使用 CSS 选择器获取 HTML 元素，mui(selector)返回 MUI 对象数组，示例如下。

mui("p")：选取所有<p>元素。

mui("p.title")：选取所有包含.title 类的<p>元素。

如果要将 MUI 对象转化成 DOM 对象，可使用如下方法（类似 jQuery 对象转成 DOM 对象），示例代码如下。

```
var obj1 = mui("#title");//obj1 是 MUI 对象
var obj2 = obj1[0];      //obj2 是 DOM 对象
```

5.3.2 常用方法

1. mui.each()方法

使用 mui.each()方法可以遍历数组或 JSON 对象，也可以使用 mui(selector).each()方法遍历 DOM 结构。each()方法遍历数组示例如下。

```
var array = [1,2,3]
mui.each(array,function(index,item){
 console.log(item*item);  //控制台输出 1  4  9
})
```

2. extend()方法

使用 extend()方法可将两个对象合并成一个对象，示例代码如下。

```
var target = {
     company:"dcloud",
     product:{
         mui:"小巧、高效"
     }
}
var obj1 = {
    city:"beijing",
    product:{
        HBuilder:"飞一样的编码"
    }
}
mui.extend(target,obj1);
//输出{"company":"dcloud","product":{"HBuilder":"飞一样的编码"},"city":"beijing"}
console.log(JSON.stringify(target));
//extend()方法深度合并
```

```
var target = {
    company:"dcloud",
    product:{
        mui:"小巧、高效"
    }
}
var obj1 = {
    city:"beijing",
    product:{
        HBuilder:"飞一样的编码"
    }
}
mui.extend(true,target,obj1); //支持深度合并
//输出{"company":"dcloud","product":{"mui":"小巧、高效","HBuilder":"飞一样的编码"},"city":
"beijing"}
console.log(JSON.stringify(target));
```

3. popover()方法

【例5-2】使用 popover()方法可控制菜单的显示与隐藏，传入参数"toggle"，用户也无需关心当前菜单是显示状态还是隐藏状态，MUI 会自动识别处理，效果如图 5-19 和图 5-20 所示，示例代码如下。

图 5-19　单击按钮隐藏菜单

图 5-20　单击取消隐藏菜单

```
<!doctype html>
<html>
    <head>
        <meta charset="UTF-8">
        <title>popover</title>
        <meta name="viewport" content="width=device-width,initial-scale=1,minimum-scale=1,maximum-
```

155

```
scale=1,user-scalable=no" />
        <link href="css/mui.min.css" rel="stylesheet" />
    </head>
    <body>
        <header class="mui-bar mui-bar-nav">
            <a class="mui-action-back mui-icon mui-icon-left-nav mui-pull-left"></a>
            <h1 class="mui-title">标题</h1>
        </header>
        <div class="mui-content">
            <button type="button" class="mui-btn" onclick="showMenu()">单击这里</button>
        </div>
        <div id="menu" class="mui-popover mui-popover-bottom mui-popover-action">
                <ul class="mui-table-view">
                        <li class="mui-table-view-cell"><a href="#">菜单 1</a></li>
                        <li class="mui-table-view-cell"><a href="#">菜单 2</a></li>
                        <li class="mui-table-view-cell"><a href="#">菜单 3</a></li>
                </ul>
                <ul class="mui-table-view">
                        <li><a href="#menu">取消</a></li>
                </ul>
            </div>
        <script src="js/mui.min.js"></script>
        <script type="text/javascript">
            mui.init()
            function showMenu(){
                    mui('#menu').popover('toggle');   //mui('#menu')是选择器
            }
        </script>
    </body>
</html>
```

5.4　事件绑定

微课 5-4：MUI
事件绑定

　　快速响应是 App 实现的重中之重，研究表明，事件延迟超过 100ms，用户就能感受到界面的卡顿，然而手机浏览器的 click 事件存在 300ms 延迟，MUI 为了解决这个问题，封装了 tap 事件，利用"document.getElementById("col").onclick = function() {}"实现事件的绑定，在单击的时候，建议用 tap 事件代替 click 事件。

5.4.1　addEventListener()方法实现事件绑定

　　addEventListener()方法用来监听某个特定元素上的事件，示例代码如下。

```
document.getElementById('but1').addEventListener('tap',function(){   //单击时 tap 事件相当于 click 事件
```

```
    alert(1);
});
```

5.4.2 mui().on()方法实现事件绑定

1. 事件绑定

mui().on()方法用来实现批量元素的事件绑定，语法格式如下。

```
mui().on(event , selector , handler)
```

参数说明如下。

event：需监听的事件名称，String 型，例如'tap'。

selector：选择器，String 型，例如'a'。

handler：事件触发时的回调函数，通过回调函数中的 event 参数可以获得事件详情，Function 型。

mui().on()方法前的元素应为第二个参数 selector 的上层元素，即被绑定事件的元素是第二个参数 selector 所表示的元素，调用 mui().on()方法的是其上层元素，通常是父元素，示例代码如下。

```
<div class="mui-content">
    <ul id="list1">
        <li>小明</li>
        <li>小花</li>
        <li>小萌</li>
    </ul>
</div>
<script type="text/javascript">
  mui('#list1').on('tap', 'li', function(){
      var thisHtml = this.innerHTML;
      alert(thisHtml);
  });
</script>
```

2. 事件取消

使用 mui().on()方法绑定事件后，如果希望取消绑定，可以使用 mui().off()方法，示例代码如下。

```
mui('#list1').off('tap', 'li');
```

3. 事件触发

使用 mui.trigger()方法可以动态触发特定 DOM 元素上的事件，示例代码如下。

```
var btn = document.getElementById("submit");
btn.addEventListener("tap",function () {console.log("tap event trigger");});  //监听单击事件
mui.trigger(btn,'tap');    //触发 id 属性值为 submit 的单击事件
```

4. 手势事件

在开发移动端的应用时会用到很多手势操作，比如滑动、长按等，为了方便程序员快速集成

这些手势，MUI 内置了常用的手势事件，目前支持的手势事件如表 5-1 所示。

表 5-1　手势事件名称及描述

手势事件名称	描述	手势事件名称	描述	手势事件名称	描述
tap	单击屏幕	swipeleft	向左滑动	drag	拖动中
doubletap	双击屏幕	swiperight	向右滑动	dragend	拖动结束
longtap	长按屏幕	swipeup	向上滑动		
hold	按住屏幕	swipedown	向下滑动		
release	离开屏幕	dragstart	开始拖动		

5.4.3　MUI 消息框（Dialog）

微课 5-5：MUI
消息框的使用

1. 警告消息框

使用 "mui.alert(message[,title] [,btnValue] [,callback] [,type])" 语句可实现普通警告，参数说明如下。

message：警告消息框上显示的内容，String 型。

title：警告消息框上显示的标题，String 型。

btnValue：警告消息框上按钮显示的内容，String 型。

callback：警告消息框关闭后的回调函数，Function 型。

type：是否使用 h5 绘制的消息框。

示例代码如下。

```
mui.alert('欢迎使用 Hello MUI', 'Hello MUI', function() {
    mui.toast('你刚关闭了警告消息框');
});
```

2. 确认消息框

使用 "mui.confirm(message [,title] [,btnValue] [,callback] [,type])" 语句可实现确认消息框，参数说明如下。

message：确认消息框上显示的内容，String 型。

title：确认消息框上显示的标题，String 型。

btnValue：确认消息框上按钮显示的内容，数组形式。

callback：确认消息框关闭后的回调函数，Function 型。

type：是否使用 h5 绘制的消息框。

示例代码如下。

```
var btnArray = ['取消', '确定'];   //默认提示信息效果，可以更改
mui.confirm('真的要删除吗？ ','Hi...',new Array('否','是'),function(e){
    if(e.index == 1){mui.toast('是');}else{mui.toast('否');}
});
```

3. 输入对话框

"mui.prompt(message[,placeholder] [,title] [,btnValue] [,callback] [,type])"语句可实现输入对话框，参数说明如下。

message：输入对话框上显示的内容，String 型。

placeholder：输入对话框上显示的提示文字，String 型。

title：输入对话框上显示的标题，String 型。

btnValue：输入对话框上按钮显示的内容，数组形式。

callback：输入对话框关闭后的回调函数，Function 型。

type：是否使用 h5 绘制的对话框。

示例代码如下。

```
mui.prompt('请输入您的姓名？','Hi...',new Array('取消','确定'),function(e){
    if(e.index == 1){
        mui.toast(e.value);
    }else{
        mui.toast('您取消了输入');
    }
});
```

4. 自动消失框

使用"mui.toast(message[,options])"语句可实现自动消失框，参数说明如下。

message：自动消失框上显示的内容，String 型。

options：提示消息的参数，JSON 键值对形式。

type：是否强制使用 MUI 消息框（DIV 模式）。

示例代码如下。

```
mui.toast('登录成功',{ duration:'long', type:'div' });
mui.toast('hi…');
```

其中，duration 表示持续显示时间，默认值 short(2000ms)，支持整数和字符串，字符串可取 long(3500ms)、short(2000ms)。JSON 键值对形式。

【例 5-3】MUI 消息框综合应用，示例代码如下。

```
<!doctype html>
<html>
    <head>
        <meta charset="UTF-8">
        <title> Sample Page!</title>
        <meta name="viewport" content="width=device-width,initial-scale=1,minimum-scale=1,maximum-scale=1,user-scalable=no" />
        <link href="css/mui.min.css" rel="stylesheet" />
        <style>
```

```
        .mui-btn {
            display: block;
            width: 120px;
            margin: 10px auto;
        }
        #info {
            padding: 20px 10px;
        }
    </style>
</head>
<body>
    <header class="mui-bar mui-bar-nav">
        <a class="mui-action-back mui-icon mui-icon-left-nav mui-pull-left"></a>
        <h1 class="mui-title">dialog（消息框）</h1>
    </header>
    <div class="mui-content">
        <div class="mui-content-padded" style="margin: 5px;text-align: center;">
            <button id='alertBtn' type="button" class="mui-btn mui-btn-blue
mui-btn-outlined">警告消息框</button>
            <button id='confirmBtn' type="button" class="mui-btn mui-btn-blue mui-btn-
outlined">确认消息框</button>
            <button id='promptBtn' type="button" class="mui-btn mui-btn-blue
mui-btn-outlined">输入对话框</button>
            <button id='toastBtn' type="button" class="mui-btn mui-btn-blue mui-btn-
outlined">自动消失框</button>
            <div id="info">  </div>
        </div>
    </div>
    <script src="js/mui.min.js"></script>
    <script type="text/javascript" charset="utf-8">
        mui.init({            //MUI 初始化
            swipeBack: true //启用向右滑动关闭功能
        });
        var info = document.getElementById("info");
        document.getElementById("alertBtn").addEventListener('tap', function() {
            mui.alert('欢迎使用 Hello MUI', 'Hello MUI', function() {
                info.innerText = '你刚关闭了警告消息框';
            });
        });
        document.getElementById("confirmBtn").addEventListener('tap', function() {
            var btnArray = ['否', '是'];
            mui.confirm('MUI 是个好框架，确认？', 'Hello MUI', btnArray, function(e) {
                if (e.index == 1) {
```

```
                        info.innerText = '你刚确认 MUI 是个好框架';
                    } else {
                        info.innerText = 'MUI 没有得到你的认可，继续加油'
                    }
                })
            });
            document.getElementById("promptBtn").addEventListener('tap', function(e) {
                e.detail.gesture.preventDefault(); //修复 iOS 8.x 平台存在的 bug，使用 plus.
nativeUI.prompt 会造成输入法闪一下又没了
                var btnArray = ['取消', '确定'];
                mui.prompt('请输入你对 MUI 的评语：', '性能好', 'Hello MUI', btnArray, function(e) {
                    if (e.index == 1) {
                        info.innerText = '谢谢你的评语：' + e.value;
                    } else {
                        info.innerText = '你点了取消按钮';
                    }
                })
            });
            document.getElementById("toastBtn").addEventListener('tap', function() {
                mui.toast('欢迎体验 Hello MUI');
            });
        </script>
    </body>
```

5.5　MUI 表单

表单是界面中最常见、最重要的组件之一，在 App 设计、Web 设计中应用都十分广泛。在注册登录、资料填写、用户反馈、线上交易等应用中，几乎无处不在。最常用的表单控件就是按钮和文本框，传统的表单布局比较麻烦，使用了 MUI 后，这些任务则变得非常简单。

5.5.1　按钮（Button）

MUI 默认按钮为灰边白底，另外还提供了蓝色（Blue）、绿色（Green）、黄色（Yellow）、红色（Red）、紫色（Purple）5 种色系的按钮。5 种色系对应 5 种场景，分别为 primary、success、warning、danger、royal。使用.mui-btn 类可生成一个默认按钮，继续引用.mui-btn-颜色值或.mui-btn-场景可生成对应色系的按钮，例如通过引用.mui-btn-blue 类或.mui-btn- primary 类均可生成蓝色按钮。

1. 有底色按钮

有底色按钮是在 button 节点上引用.mui-btn 类，生成默认按钮的语句，示例代码如下。

```
<button type="button" class="mui-btn">按钮</button>
```

如果需要其他颜色的按钮，就继续引用对应 class 属性即可，示例如下。

```
<button type="button" class="mui-btn">默认</button>
<button type="button" class="mui-btn mui-btn-primary">蓝色</button>
<button type="button" class="mui-btn mui-btn-success">绿色</button>
<button type="button" class="mui-btn mui-btn-warning">黄色</button>
<button type="button" class="mui-btn mui-btn-danger">红色</button>
<button type="button" class="mui-btn mui-btn-royal">紫色</button>
```

比如引用.mui-btn-blue 类即可变成蓝色按钮。输入"mbu"，弹出列表，选择"mButton(按钮)"，也可以生成蓝色按钮，常用有色按钮效果如图 5-21 上侧所示。

2. 无底色、有边框的按钮

若希望实现无底色、有边框的按钮，仅需引用.mui-btn-outlined 类即可，输入"mbu"，弹出列表，选择"mButton(按钮无底色,有边框)"，就可以快速生成无底色、有边框的按钮，常用效果如图 5-21 下侧所示，示例代码如下。

```
<button type="button" class="mui-btn mui-btn-outlined">默认</button>
<button type="button" class="mui-btn mui-btn-primary mui-btn-outlined">蓝色</button>
<button type="button" class="mui-btn mui-btn-success mui-btn-outlined">绿色</button>
<button type="button" class="mui-btn mui-btn-warning mui-btn-outlined">黄色</button>
<button type="button" class="mui-btn mui-btn-danger mui-btn-outlined">红色</button>
<button type="button" class="mui-btn mui-btn-royal mui-btn-outlined">紫色</button>
```

图 5-21　MUI 常用按钮

3. 块状按钮

输入"mbu"，弹出列表，选择"mButton(块状按钮)"，就可以生成块状按钮，生成蓝色块状按钮示例代码如下。

```
<button type="button" class="mui-btn-block mui-btn-blue mui-btn-block">块级按钮</button>
```

可以看到，相比于普通按钮，MUI 按钮仅需引用.mui-btn-block 类即可生成其他颜色的按钮，块状按钮亦如此。

4. 带图标的按钮

此外还有带图标的按钮，效果如图 5-22 所示，示例代码如下。

```
<h5>图标居左：</h5>
<button type="button" class="mui-btn mui-icon mui-icon-home">首页</button>
<button type="button" class="mui-btn mui-btn-primary mui-icon mui-icon-search">搜索</button>
<button type="button" class="mui-btn mui-btn-success mui-icon mui-icon-plus"> 添加</button>
<button type="button" class="mui-btn mui-btn-danger mui-btn-outlined"><span class="mui-icon mui-icon-trash"></span>删除</button>
```

```
<button type="button" class="mui-btn mui-btn-link"><span class="mui-icon mui-icon-back"></span>
返回</button>
    <h5>图标居右: </h5>
    <button type="button" class="mui-btn mui-icon mui-icon-home mui-right">首页</button>
    <button type="button" class="mui-btn mui-btn-primary mui-icon mui-icon-search mui-right">搜 索
</button>
    <button type="button" class="mui-btn mui-btn-success mui-icon mui-icon-plus mui-right">添加
</button>
    <button type="button" class="mui-btn mui-btn-danger mui-btn-outlined">删除 <span class="mui-icon
mui-icon-trash"></span></button>
    <button type="button" class="mui-btn mui-btn-link">下一步<span class="mui-icon mui-icon-forward">
</span></button>
```

图 5-22　MUI 带图标的按钮

5.5.2　mForm（表单）

MUI 输入表单包括单行输入框 input 和多行输入框 textarea。当使用表单时，想要得到类似列表的输入框组，给<form>标签引用.mui-input-group 类，为每个 input 输入框引用.mui-input-row 类。如果不添加<label>标签，所有包裹在.mui-input-row 类中的 input、textarea 等元素就将都被设置默认宽度属性为 100%；添加<label>标签后输入框宽度默认为 65%。将 label 元素和上述表单控件包裹在.mui-input-group 类中可以获得最好的排列。

输入"mf"，弹出列表，选择"mForm(表单)"，就可以生成表单，如图 5-23（a）所示，示例代码如下。

```
<form class="mui-input-group">
    <div class="mui-input-row">
        <label>input</label> <input type="text" class="mui-input-clear" placeholder="input">
    </div>
</form>
```

还可修改上面代码可以达到如图 5-23（b）所示效果，示例代码如下。

```
<form class="mui-input-group">
    <div class="mui-input-row">
        <label>用户名</label>
        <input type="text" class="mui-input-clear" placeholder="请输入用户名">
    </div>
    <div class="mui-input-row">
```

```
            <label>密码</label>
            <input type="password" class="mui-input-password" placeholder="请输入密码">
        </div>
    </form>
```

（a）mForm（表单）默认效果   （b）mForm（表单）修改后效果

图 5-23　mForm（表单）效果

关于表单，MUI 目前提供的输入增强功能包括快速删除、密码框显示/隐藏密码和语音输入（5+环境）、搜索框等。

1．快速删除

要删除输入框中的内容，使用输入法键盘上的删除按键只能逐个删除字符。MUI 提供了快速删除功能，只需要在对应 input 控件上引用.mui-input-clear 类，当 input 控件中有内容时，右侧就会有一个删除图标，单击便会清空当前 input 控件的内容，示例代码如下。

```
<form class="mui-input-group">
    <div class="mui-input-row">
        <label>快速删除</label>
        <input type="text" class="mui-input-clear" placeholder="请输入内容">
    </div>
</form>
```

2．密码框显示/隐藏密码

给 input 控件引用.mui-input-password 类即可实现密码框显示/隐藏密码，示例代码如下。

```
<form class="mui-input-group">
    <div class="mui-input-row">
        <label>密码框</label>
        <input type="password" class="mui-input-password" placeholder="请输入密码">
    </div>
</form>
```

3．语音输入（5+环境）

为了方便快速输入，MUI 集成了 HTML5+的语音输入功能，只需要在对应 input 控件上引用.mui-input-speech 类，就会在该控件右侧显示一个语音输入的图标，但是语音输入只能在 HTML5+环境下使用。

4．搜索框

在.mui-input-row 类上同级引用.mui-search 类，就可以使用 search 控件实现搜索框，示例代码如下。

```
<form class="mui-input-group">
    <div class="mui-input-row mui-search">
```

```
            <input type="search" class="mui-input-clear" placeholder="学号">
        </div>
    </form>
```

注意：MUI 在 mui.init()方法中会自动初始化基本控件，但是动态添加的元素需要重新进行初始化。

微课 5-6：在线测试系统登录页制作

【例 5-4】实现在线测试系统登录页面布局，完整代码如下，效果如图 5-24 所示。

```html
<!doctype html>
<html>
    <head>
        <meta charset="UTF-8">
        <title>在线测试</title>
        <meta name="viewport" content="width=device-width,initial-scale=1,minimum-scale=1,
maximum-scale=1,user-scalable=no" />
        <link href="css/mui.min.css" rel="stylesheet" />
        <style type="text/css">
            #login {
                padding: 9px;
            }
            .mui-content-padded {
                margin-top: 25px;
                padding-bottom: 25px;
            }
            .link-area {
                display: block;
                margin-top: 25px;
                text-align: center;
            }
            .spliter {
                color: #bbb;
                padding: 0px 8px;
            }
            img {
                width: 100%;
            }
        </style>
    </head>
    <body>
        <header class="mui-bar mui-bar-nav">
            <h1 class="mui-title">在线测试系统登录</h1>
        </header>
        <div class="mui-content">
```

```html
                <img src="img/test.jpg" />
                <form class="mui-input-group">
                    <div class="mui-input-row">
                        <label>用户名</label>
                        <input type="text" class="mui-input-clear" placeholder="请输入用户名">
                    </div>
                    <div class="mui-input-row">
                        <label>密码</label>
                        <input type="password" class="mui-input-password" placeholder="请输入密码">
                    </div>
                </form>
                <div class="mui-content-padded">
                        <button id='login' class="mui-btn mui-btn-block mui-btn-primary">登录</button>
                        <div class="link-area">
                                <a id='reg'>注册账号</a> <span class="spliter">|</span>
                                <a id='forgetPassword'>忘记密码</a>
                        </div>
                </div>
        </div>
        <script src="js/mui.min.js"></script>
        <script type="text/javascript">
                mui.init();
        </script>
    </body>
</html>
```

图 5-24 在线测试系统登录页面布局效果

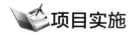项目实施

任务 1　项目分析

　　本任务采用 MUI 的布局方式实现页面的整体布局,结合 JavaScript 方法实现猜数字游戏。首先实现核心功能,即猜数字游戏页面制作,使用数字输入框自动打开数字输入界面;使用数字角标实现数字的展示,醒目地展示用户刚刚输入的数字,便于用户思考下一个猜测;设置提示用户的信息醒目而简洁,并设置背景图片体现游戏的趣味性。

　　输入猜测的数字,能够提示输入的值偏小或者偏大,并使背景更换为做鬼脸的图片,如图 5-25 和图 5-26 所示,猜成功后页面效果如图 5-27 所示,展示猜中数字所用的时间及猜测的次数,并使背景更换为夸赞用户的图片。

任务 2　猜数字游戏主功能页面制作

　　(1)创建文件 yx.html,示例代码如下。

```
<!doctype html>
<html>
    <head>
        <meta charset="UTF-8">
        <title>game</title>
        <meta name="viewport" content="width=device-width,initial-scale=1,minimum-scale=1,
maximum-scale=1,user-scalable=no" />
            <link href="css/mui.min.css" rel="stylesheet" />
            <link href="css/mycss.css" rel="stylesheet" />
    </head>
    <body>
        <header class="mui-bar mui-bar-nav">
            <a class="mui-action-back mui-icon mui-icon-left-nav mui-pull-left"></a>
            <h1 class="mui-title">猜 数 字</h1>
        </header>
        <div class="mui-content">
            <input type="number" id="myguess" placeholder="请输入 1 到 100 之间的数字" />
            <button type="button" class="mui-btn mui-btn-green mui-btn-block">确定
</button>
            <span class="mui-badge mui-badge-red" id="jb"> </span>
            <div id="info"></div>
        </div>
        <script src="js/mui.min.js"></script>
```

```
            <script type="text/javascript">
                mui.init();
                var num = Math.floor(Math.random() * 100 + 1);    //产生 1~100 之间的随机整数
                var myguess = document.getElementById("myguess");
                var info = document.getElementById("info");
                var i = 0;
                var ks = new Date().getTime();
                myguess.onfocus = function() {
                    myguess.value = '';
                }
                myguess.onchange = function() {
                    var guess = myguess.value;
                    document.getElementById("jb").innerHTML = guess;
                    i++;
                    info.style.backgroundImage = "url(img/bd.gif)"; //设置为做鬼脸的图片
                    if(guess == num) {
                        info.innerHTML = "恭喜您，猜对了，<br><br>幸运数字是: " + num;
                        info.style.backgroundImage = "url(img/good.png)"; //更换为夸赞用户的图片
                        var over = new Date().getTime();
                        var m = Math.floor((over - ks) / (1000));    //计算剩余的秒数
                        info.innerHTML += "<br><br>共输入" + i + "次,<br><br>用时" + m +
"秒<br><br>game over";

                        return;
                    }
                    if(guess < num) {
                        info.innerHTML = "第" + i + "次输入，<br><br>" + "小了<br><br>";
                    }
                    else{
                        info.innerHTML = "第" + i + "次输入，<br><br>" + "大了<br><br>";
                    }
                }
            </script>
        </body>
</html>
```

（2）mycss.css 文件样式的示例代码如下。

```
#info {
    background-size: 80px;                  /* 设置背景图片的尺寸 */
    background-repeat: no-repeat;           /* 设置背景图片不会重复 */
    background-position: bottom right;      /* 设置背景图片的位置 */
    color: darkred;                         /* 设置文字的颜色 */
    font-size: 38px;
```

```
        font-weight: 800;
        margin: 26px;
    }
#jb {
        font-size: 38px;
        padding: 15px;
        margin: 30px;
}
button, input {
        font-size: 19px;      /* 设置输入框和按钮上的字体大小*/
        height: 50px;         /* 设置输入框和按钮的高度 */
        padding: 10px;        /* 设置输入框和按钮的内边距 */
    }
```

图 5-25　输入数字偏大时界面

图 5-26　输入数字偏小时界面

图 5-27　猜测成功界面

任务 3　猜数字游戏引页制作

在 index.html 文件中添加元素及内容，为开始游戏按钮添加事件，页面效果如图 5-28 所示，实现单击"Start"按钮打开输入数字游戏页面，示例代码如下。

```
<!doctype html>
<html>
    <head>
        <meta charset="UTF-8">
        <title> game </title>
        <meta name="viewport" content="width=device-width,initial-scale=1,minimum-scale=1,
```

```
maximum-scale=1,user-scalable=no" />
        <link href="css/mui.min.css" rel="stylesheet" />
        <link href="css/mycss.css" rel="stylesheet" />
    </head>
    <body>
        <header class="mui-bar mui-bar-nav">
            <h1 class="mui-title">小 游 戏</h1>
        </header>
        <div class="mui-content">
            <img src="img/guess.jpg" class="cs" />
            <img src="img/start.gif" id="start" />
        </div>
        <script src="js/mui.min.js"></script>
        <script type="text/javascript" charset="utf-8">
            mui.init();
            //document.getElementById('start')相当于 mui('#start')[0]
            mui('#start')[0].addEventListener('tap', function() {
                mui.openWindow({//打开游戏页面
                    url: 'yx.html',
                    id: "yx"
                });
            });
        </script>
    </body>
</html>
```

图 5-28　单击"Start"按钮开始游戏

引用的样式表文件 mycss.css 需增加如下代码。

```
.cs {
    width: 100%;   /* 设置图片的宽度 */
}
#start {
    display: block;  /* 设置块级显示方式*/
    margin: 130px auto;
}
```

任务 4 打开"历史战绩"页面功能

游戏开始，引页增加"历史战绩"按钮，实现图 5-1 所示的效果，单击链接进入"历史战绩"展示页面的示例代码如下。

```
<!doctype html>
<html>
    <head>
        <meta charset="utf-8">
        <meta name="viewport" content="width=device-width,initial-scale=1,minimum-scale=1,
maximum-scale=1,user-scalable=no" />
        <title> game </title>
        <link href="css/mui.min.css" rel="stylesheet" />
        <link href="css/mycss.css" rel="stylesheet" />
    </head>
    <body>
        <header class="mui-bar mui-bar-nav">
            <h1 class="mui-title">小 游 戏</h1>
        </header>
        <div class="mui-content">
            <img src="img/guess.jpg" class="cs" /><img src="img/start.gif" id="start" />
        </div>
        <nav class="mui-bar mui-bar-tab">
            <button class="mui-btn mui-btn-primary mui-btn-block" id="his">历 史 战 绩</button>
        </nav>
        <script src="js/mui.min.js"></script>
        <script type="text/javascript" charset="utf-8">
            mui.init();
            mui('#start')[0].addEventListener('tap', function() {
                mui.openWindow({   //打开游戏页面
                    url: 'yx.html',
                    id: "yx"
                });
```

```
            });
        mui('#his')[0].addEventListener('tap', function() {
            mui.openWindow({    //打开历史战绩页面
                url: 'hlist.html',
                id: 'hlist.html'
            });
        });
    </script>
    </body>
</html>
```

任务 5　　拓展：增加游戏记录存储功能

　　游戏页面增加"历史战绩"链接，单击链接进入"历史战绩"页面，示例代码如下。

```html
<!doctype html>
<html>
    <head>
        <meta charset="UTF-8">
        <title> game </title>
        <meta name="viewport" content="width=device-width,initial-scale=1,minimum-scale=1,
maximum-scale=1,user-scalable=no" />
        <link href="css/mui.min.css" rel="stylesheet" />
        <link href="css/mycss.css" rel="stylesheet" />
    </head>
    <body>
        <header class="mui-bar mui-bar-nav">
            <a class="mui-action-back mui-icon mui-icon-left-nav mui-pull-left"></a>
            <h1 class="mui-title">猜 数 字</h1>
        </header>
        <div class="mui-content">
            <input type="number" id="myguess" placeholder="请输入 1 到 100 之间的数字" />
            <button type="button" class="mui-btn mui-btn-green mui-btn-block"> 确 定
</button>
            <span class="mui-badge mui-badge-red" id="jb"> </span>
            <div id="info"></div>
        </div>
        <nav class="mui-bar mui-bar-tab">
            <button class="mui-btn mui-btn-primary mui-btn-block" id="his">历 史 战 绩
</button>
        </nav>
        <script src="js/mui.min.js"></script>
        <script type="text/javascript">
```

```
mui.init();
var num = Math.floor(Math.random() * 100 + 1);    //产生1~100之间的随机整数
var myguess = document.getElementById("myguess");
var info = document.getElementById("info");
var i = 0;
var ks = new Date();
myguess.onfocus = function() {
    myguess.value = '';
}
myguess.onchange = function() {
    var guess = myguess.value;
    document.getElementById("jb").innerHTML = guess;
    i++;
    info.style.backgroundImage = "url(img/bd.gif)";
    if(guess == num) {
            info.innerHTML = "恭喜您，猜对了，<br><br>幸运数字是: " + num;
            info.style.backgroundImage = "url(img/good.gif)";
            var over = new Date().getTime();
            var m = Math.floor((over - ks.getTime()) / (1000)); //计算剩余的秒数
            info.innerHTML += "<br><br>共输入" + i + "次,<br><br>用时" + m +
"秒<br><br>game over";
            var t = ks.getFullYear() + "-" + (ks.getMonth() + 1) + "-" +ks.
getDate() + " " + ks.getHours() + ":" +ks.getMinutes() + ":" + ks.getSeconds();
            var his = t + "开始-输入" + i + "次-用时" + m + "秒";
            if(localStorage.getItem("arr")) {
                    arr = localStorage.getItem("arr").split(",");
            }
            arr.push(his);
            localStorage.setItem("arr", arr);
            return;
    }
    if(guess < num) {
            info.innerHTML = "第" + i + "次输入，<br><br>" + "小了<br><br>";
    }
    else{
            info.innerHTML = "第" + i + "次输入，<br><br>" + "大了<br><br>";
    }
}
mui('#his')[0].addEventListener('tap', function() {
    mui.openWindow({//打开"历史战绩"页面
            url: 'hlist.html',
            id: 'hlist.html'
    });
```

```
            });
        </script>
    </body>
</html>
```

任务6 猜数字游戏"历史战绩"页面制作

新建"历史战绩"页面"hlist.html"，实现如图 5-5 的效果，示例代码如下。

```
<!doctype html>
<html>
    <head>
        <meta charset="UTF-8">
        <title> game </title>
        <meta name="viewport" content="width=device-width,initial-scale=1,minimum-scale=1,
maximum-scale=1,user-scalable=no" />
        <link href="css/mui.min.css" rel="stylesheet" />
        <link href="css/mycss.css" rel="stylesheet" />
    </head>
    <body>
        <header class="mui-bar mui-bar-nav">
            <a class="mui-action-back mui-icon mui-icon-left-nav mui-pull-left"></a>
            <h1 class="mui-title">历 史 战 绩</h1>
        </header>
        <div class="mui-content">
            <ul class="mui-table-view" id="hlist">   </ul>
        </div>
        <script src="js/mui.min.js"></script>
        <script type="text/javascript">
            mui.init();
            if(localStorage.getItem("arr")) {
                arr = localStorage.getItem("arr").split(",");
            }
            var n = arr.length - 1;
            for(; n >= 0; n--) {
                var index = arr[n].indexOf("开始");     // "开始"处的索引
                var cs = arr[n].substring(index + 3);      //截取-后面描述次数及用时的子串
                var time = arr[n].substring(0, index + 2); //截取-前面描述开始时间的子串
                hlist.innerHTML+="<li class=\"mui-table-view-cell\"> <img class=\
"mui-media-object mui-pull-left\" src=\"img/pen.png\"> " + cs + "<p class=\"mui-ellipsis\">" + time +
"</p></li>";
            }
```

```
            </script>
        </body>
    </html>
```

任务 7　猜数字游戏 App 打包

　　用邮箱注册后，用户就可以使用云端打包功能，打包之前可以对相关信息进行配置，打开 manifest.json 文件的"应用信息"选项卡，如图 5-29 所示，在"应用名称"文本框中填写 App 的名称（如猜数字）。"appid"栏内容需要云端获取，注册后的用户单击"云端获取"按钮就可以获取到，如图 5-30 所示。打开"图标配置"选项卡，按要求选择一个与主题相匹配的图片，注意需要是 png 格式的图片，选择一个尺寸稍大的正方形图标，HBuilder 会自动将其压缩成各种小图标，以适配各种移动端，如图 5-31 所示。图标配置需要启动图片，否则会以 HBuilder 默认的图片显示。配置完毕后，保存 manifest.json 文件，然后选择"发行"|"发行为原生安装包"命令，在打开的对话框中单击"打包"按钮，就可以直接在云端打包。下载后就可以在手机上运行了。

图 5-29　manifest.json 文件应用信息配置

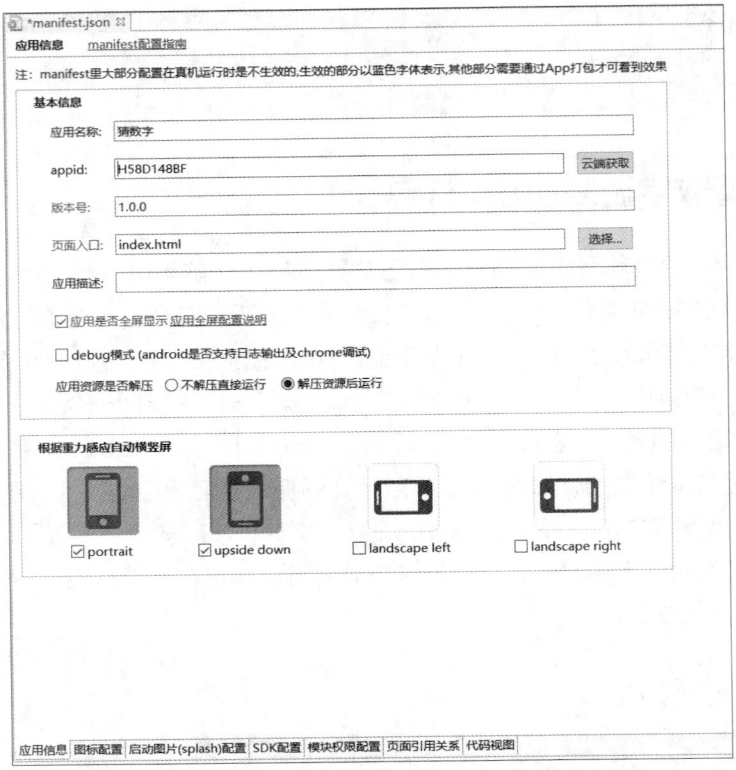

图 5-30　manifest.json 文件云端获取 appid 后的效果

图 5-31　manifest.json 文件中的图标配置

单元小结

MUI 是最接近原生 App 体验的高性能前端框架，本单元介绍了 MUI 的常用组件，结合 JavaScript 实现了各种综合页面效果。内容总结如下。

（1）基于 MUI 的 App 项目的创建。

（2）常用组件：顶部标题栏、主体、图文表格、列表/图文列表、底部选项卡、数字角标、按钮及表单。除固定栏外，其他内容都要包裹在主体（引用.mui-content 元素的 div 元素）中。

（3）MUI 选择器：MUI 使用 CSS 选择器获取 HTML 元素，mui(selector)方法可返回 MUI 对象数组。

（4）MUI 事件管理，方法如下。

① addEventListener()方法：监听某个特定元素上的事件。

② mui().on()方法：实现批量元素的事件绑定。取消绑定使用 mui().off()方法。

（5）MUI 消息框：警告消息框 mui.alert()，确认消息框 mui.confirm()，输入对话框 mui.prompt()，这 3 种消息框至少要有一个参数，否则不显示。自动消失框 mui.toast()没参数，输出 undefined。

（6）整体页面的布局：在线测试系统首页、猜数字游戏完整 App（含引页、各功能页）的制作。

课后训练

【实训内容】

1. 为游戏增加"再来一局"功能。

2. 用基于 MUI 的表单输入形式，将单元 2【实训内容】部分的第二道题重新编写程序，效果参考图 5-32。

图 5-32　体脂率计算器效果

3. 改版在线测试系统主页面布局。

单元 6
MUI 移动端框架进阶

项目导入

多页面的 WebApp 都要考虑如何实现页面的跳转切换，本单元将介绍在线测试系统的底部 Tab 导航的页面切换方式：DIV 模式和 WebView 模式。DIV 模式为入门级的页面切换方式，WebView 模式为实用性的页面切换方式。列表页跳转并传值到详情页面的方式也很常用，本单元介绍文章列表页跳转并传值实现展示对应文章详情页面。本单元项目使用 MUI 与 JavaScript 实现生鲜超市购物车商品展示与结算功能，生鲜超市商品列表页跳转并传值实现对应商品详情页面展示的功能留给读者拓展实现。

职业能力目标和要求	理解基于 MUI 的页面的初始化。
	能够运用 MUI 实现页面的整体布局。
	掌握 MUI 底部 Tab 导航页面切换的实现方法。
	能够使用 DIV 模式实现底部 Tab 导航页面切换。
	能够使用 WebView 模式实现底部 Tab 导航页面切换。
	掌握 MUI 页面间跳转并传值实现详情页面展示的功能。
	掌握 DOM 事件的触发及处理。
	掌握轮播组件、Numbox 的使用。
	能够访问遍历 JSON 数据及 JSON 数据的解析与序列化。
	能够运用本地存储实现信息存储和访问。
	能够实现 MUI 列表页跳转并传值到详情页面展示的功能。

项目 6-1 描述：在线测试系统文章列表页跳转并传值实现对应详情页面展示

本项目采用 MUI 实现页面的整体布局，结合 JavaScript 方法给文档中元素设定事件处理器，引用函数设计完成在线测试系统页面跳转的效果，即由技术文章列表页跳转并传值实现对应文章详情页面展示。如图 6-1 所示，单击技术文章列表页中的列表项，可打开对应技术文章详情页面，效果如图 6-2 和图 6-3 所示。

图 6-1　技术文章列表页　　图 6-2　技术文章（一）详情页面效果　图 6-3　技术文章（二）详情页面效果

知识准备

6.1　页面管理

MUI 页面需要初始化，自定义的功能都是在初始化完毕后进行的。使用 MUI 的难点之一就在于实现页面的跳转切换。

6.1.1　MUI 初始化

1. MUI 插件初始化

无论做 Web 页面，还是 App 开发，只要用到 MUI，就需要用 mui.init() 方法初始化框架功能。每个用到 MUI 的页面都调用 mui.init() 方法，直接放在 JavaScript 最前面。该方法接受一个对象参数，用于进行页面的各种配置，比如子页面的加载、页面预加载等。例如，以下代码即是利用 mui.init() 方法在页面初始化时进行页面手势操作的开关。

```
mui.init({                    //初始化页面中的 MUI 控件
```

```
gestureConfig:{          /*设置各种手势操作的开关*/
    tap: true,           //默认为 true
    doubletap: true,     //默认为 false
    longtap: true,       //默认为 false
    swipe: true,         //默认为 true
    drag: true,          //默认为 true
    hold:false,          //默认为 false, 不监听
    release:false        //默认为 false, 不监听
    }
});
```

注意：dragstart、drag、dragend 共用 drag 开关，swipeleft、swiperight、swipeup、swipedown 共用 swipe 开关。

2. 页面初始化

mui.ready()是 MUI 中的文档就绪函数，表示 MUI 已经加载完毕，页面初始化完成，功能上有些类似于 jQuery 的文档就绪函数$(document).ready()。当 MUI 的页面 DOM 加载完成后执行该函数，在 PC 端和移动端都能运行，示例代码如下。

```
mui.ready(function(){
    //console.log("我在 plusReady 之前调用! ");
})
```

在 App 开发中，若要使用 HTML5+扩展 API，必须等 plusReady 事件发生后才能正常使用。比如 mui.plus 对象，MUI 将该事件封装成 mui.plusReady()函数，其中，涉及 HTML5+的 API，建议都写在 mui.plusReady()函数中。mui.plusReady()函数使用方法与 mui.ready()函数类似，但是其在执行时间上略晚于 mui.ready()函数，因为这个方法除了要求 MUI 加载完毕，还要求 HTML5+运行时必须准备完毕。例如，打印当前页面 URL 的示例代码如下。

```
mui.plusReady(function(){
    console.log("当前页面 URL: "+plus.webview.currentWebview().getURL());
});
```

如果不是做 App 开发(非 HBuilder 基座运行)，而是做 Web 开发(在浏览器运行)，plusReady()函数就是没有意义的，对应语句不会被执行，因为 plusReady()函数仅仅在 App 开发中使用。

除自定义函数之外，函数全都可以写在 plusReady()函数之中，函数调用也放在其中，毕竟做 App 开发调用 HTML5+ API 会十分频繁，尤其是含有 plus 对象的语句一定要放在 plusReady()函数里面！因为 mui.plusReady()函数仅在移动端运行，plusReady()函数代表 HBuilder 基座。

6.1.2 底部 Tab 导航实现 DIV 模式切换页面

DIV 模式是将所有子页面的内容分别放置到主页面的不同 DIV 中，单击主页面的不同选项卡切换不同 DIV 模式的显示。切换 DIV 模式的选项卡非常简单，无须 JavaScript 代码，直接使用 HTML 代码即可实现。这种方式只需要给代表每个子页面的 DIV 引用 mui-control-content 类，同时第一个选项卡引用

微课 6-1：底部
选项卡实现页面
切换

mui-active 类表示默认加载的第一个子页面。子页面 DIV 写好后，给每个 DIV 设置 id 属性，将 id 属性与底部选项卡中每个<a>标签的 href 属性相关联，即可实现选项卡的切换，示例代码如下。

```html
<!doctype html>
<html>
    <head>
        <meta charset="UTF-8">
        <title> Sample Page!</title>
        <meta name="viewport" content="width=device-width,initial-scale=1,minimum-scale=1,
maximum-scale=1,user-scalable=no" />
        <link href="css/mui.min.css" rel="stylesheet" />
    </head>
    <body>
        <header class="mui-bar mui-bar-nav">
            <a class="mui-action-back mui-icon mui-icon-left-nav mui-pull-left"></a>
            <h1 class="mui-title">底部选项卡切换(DIV 模式)</h1>
        </header>
        <nav class="mui-bar mui-bar-tab">
          <a class="mui-tab-item mui-active" href="#page1">
            <span class="mui-icon mui-icon-home"></span><span class="mui-tab-label">首页</span>
          </a>
          <a class="mui-tab-item" href="#page2">
            <span class="mui-icon mui-icon-phone"></span><span class="mui-tab-label">电话</span>
          </a>
          <a class="mui-tab-item" href="#page3">
             <span class="mui-icon mui-icon-email"></span><span class="mui-tab-label">邮件</span>
          </a>
          <a class="mui-tab-item" href="#page4">
             <span class="mui-icon mui-icon-gear"></span><span class="mui-tab-label">设置</span>
          </a>
        </nav>
        <div class="mui-content">
            <div id="page1" class="mui-control-content mui-active">这是第一个页面，首页</div>
            <div id="page2" class="mui-control-content">这是第二个页面，电话</div>
            <div id="page3" class="mui-control-content">这是第三个页面，邮件</div>
            <div id="page4" class="mui-control-content">这是第四个页面，设置</div>
        </div>
        <script src="js/mui.min.js"></script>
        <script type="text/javascript">
            mui.init();
        </script>
    </body>
</html>
```

修改上面代码可以达到如下代码效果。

```
<!doctype html>
<html>
    <head>
        <meta charset="UTF-8">
        <title>我的测试</title>
        <meta name="viewport" content="width=device-width,initial-scale=1,minimum-scale=1,
maximum-scale=1,user-scalable=no" />
        <link href="css/mui.min.css" rel="stylesheet" />
        <link href="css/comment.css" rel="stylesheet" />
    </head>
    <body>
        <header class="mui-bar mui-bar-nav"><h1 class="mui-title">首页</h1></header>
        <nav class="mui-bar mui-bar-tab">
            <a class="mui-tab-item mui-active" href="#home">
                <span class="mui-icon mui-icon-home"></span>
                <span class="mui-tab-label">首页</span>
            </a>
            <a class="mui-tab-item" href="#message">
                <span class="mui-icon mui-icon-chat"></span>
                <span class="mui-tab-label">消息</span>
            </a>
            <a class="mui-tab-item" href="#test">
                <span class="mui-icon mui-icon-compose"></span>
                <span class="mui-tab-label">我的测试</span>
            </a>
            <a class="mui-tab-item" href="#mine">
                <span class="mui-icon mui-icon-person"></span>
                <span class="mui-tab-label">我的</span>
            </a>
        </nav>
        <div class="mui-content">
            <div id="home" class="mui-control-content mui-active">
                <ul class="mui-table-view mui-grid-view">
                    <li class="mui-table-view-cell mui-media mui-col-xs-6">
                        <a href="#">
                            <img class="mui-media-object" src="img/ks.png">
                            <div class="mui-media-body">复习指南</div>
                        </a>
                    </li>
                    <li class="mui-table-view-cell mui-media mui-col-xs-6">
                        <a href="#">
                            <img class="mui-media-object" src="img/shu.png">
                            <div class="mui-media-body">测试纲要</div>
```

```
                                </a>
                            </li>
                        </ul>
                    <ul class="mui-table-view">
                      <li class="mui-table-view-cell mui-media">
                        <a href="javascript:;">
                            <img class="mui-media-object mui-pull-left" src="img/js.jpg">
                            <div class="mui-media-body">
                                技术文章
                                <p class="mui-ellipsis">JavaScript 学习指南 0 基础入门到精通（一）</p>
                            </div>
                        </a>
                      </li>
                      <!--布局如上多个类似的 li -->
                    </ul>
                </div>
                <div id="message" class="mui-control-content">
                        <header class="mui-bar mui-bar-nav"><h1 class="mui-title">消息</h1>
</header>

                        <div class="msg">消 息：单元测试 1 成绩</div>
                </div>
                <div id="test" class="mui-control-content">
                    <header class="mui-bar mui-bar-nav"><h1 class="mui-title">测试</h1></header>
                    <div class="msg">
                        准备好了么？<br /><br />
                        <button type="button" class="mui-btn mui-btn-blue mui-btn-outlined">开始
测试</button></div>
                    </div>
                <div id="mine" class="mui-control-content">
                        <header class="mui-bar mui-bar-nav"><h1 class="mui-title">我的</h1></header>
                        <div class="msg">学号：35191106 姓名：韩梅梅</div>
                </div>
            </div>
            <script src="js/mui.min.js"></script>
            <script type="text/javascript">
                mui.init();
            </script>
        </body>
    </html>
```

comment.css 样式的示例代码如下。

```
.mui-bar-nav,.mui-title{
    background-color: #00A1EC;
```

```
    color: white;
    font-weight: bold;
    font-size: 20px;
    letter-spacing: 6px;
}
.msg{
    margin: 20px;
    text-align: center;
    font-size: 18px;
}
```

在图 6-1 所示的首页底部分别单击"消息""我的测试""我的"标签，即可跳转到对应的子页面，如图 6-4 所示。

（a）"消息"页面

（b）"测试"页面

（c）"我的"页面

图 6-4　Tab 导航实现切换页面效果

6.1.3　底部 Tab 导航实现 WebView 模式切换页面

用 Web 做 App，有一个无法避开的问题就是转场动画，基于链接构建的 Web 页面，从一个页面跳转到另一个页面时，如果使用有刷新的打开方式，就会出现白屏页面等待情况。因此，MUI 的解决思路是单个 WebView 只承载单个页面的 DOM，减少 DOM 层级及页面大小，页面切换使用原生动画，将最消耗性能的部分交给原生动画实现。使用 WebView 模式，MUI 会自动监听新页面的加载事件，若加载完毕，再自动显示新页面。

DIV 模式显然要比加载子页面的方式快很多，但是很显然 DIV 也不能承载多个有很多布局内容的页面，毕竟要在一个主页面中写入所有子页面的代码不太现实。

而 WebView 模式则是将所有子页面内容分别写入不同的子页面中，再通过主页面链接到一起，单击不同的选项卡，加载不同的子页面，显然这种方式更符合项目的预期和要求。

WebView 模式切换页面功能的实现思路是新建一个数组 subpages，数组中存放对应的链接地址，然后循环创建 WebView 子页面，将生成的 4 个 WebView 子页面对象填充到窗口中；然后给每个选项卡添加单击事件，获取单击的<a>标签的 href 属性，得到数组中的页面地址；再显示目标选项卡中对应的页面地址，根据不同的选项卡切换不同的标题，只显示当前选项卡。这样在子页面中也可以完成比较复杂的子页面操作。

实现基于 WebView 模式的页面切换，首先需要创建多个子页面的 HTML 文件，而主页面中只需要完成头部（标题栏）和尾部（底部 Tab 导航内容）功能，其他功能交给 JavaScript 完成。

1. index.html 页面代码

```html
<!doctype html>
<html>
    <head>
        <meta charset="UTF-8">
        <title>在线测试</title>
        <meta name="viewport" content="width=device-width,initial-scale=1,minimum-scale=1,
maximum-scale=1,user-scalable=no" />
        <link href="css/mui.min.css" rel="stylesheet" />
        <link href="css/comment.css" rel="stylesheet" />
    </head>
    <header class="mui-bar mui-bar-nav">
        <h1 class="mui-title" id="title">首页</h1>
    </header>
    <nav class="mui-bar mui-bar-tab">
        <a id="defaultTab" class="mui-tab-item mui-active" href="home.html">
            <span class="mui-icon mui-icon-home"></span>
            <span class="mui-tab-label">首页</span>
        </a>
        <a class="mui-tab-item" href="mymsg.html">
            <span class="mui-icon mui-icon-chat"></span>
            <span class="mui-tab-label">消息</span>
        </a>
        <a class="mui-tab-item" href="mytest.html">
        <span class="mui-icon mui-icon-compose"></span>
            <span class="mui-tab-label">我的测试</span>
        </a>
        <a class="mui-tab-item" href="mine.html">
            <span class="mui-icon mui-icon-person"></span>
            <span class="mui-tab-label">我的</span>
        </a>
    </nav>
```

```
<script src="js/mui.min.js"></script>
<script type="text/javascript">
    mui.init();
    var subpages = ['home.html', 'mymsg.html', 'mytest.html', 'mine.html'];
    var subpage_style = {
        top: '45px',
        bottom: '51px'
    };
    var aniShow = {};
    mui.plusReady(function() {
        var self = plus.webview.currentWebview();
        for (var i = 0; i < 4; i++) {  //创建子页面，首个选项卡页面显示，其他均隐藏;
            var sub = plus.webview.create(subpages[i], subpages[i], subpage_style);
            if (i > 0) {
                sub.hide();
            }
            /* 让新创建的 WebView 追加合并到当前窗口上合并成一个窗口。
             * 目的：将父、子窗口合并成一个页面，实现同开同关的效果 */
            self.append(sub);
        }
    });
    var activeTab = subpages[0];                  //当前激活选项
    var title = document.getElementById("title");
    mui('.mui-bar-tab').on('tap', 'a', function(e) { //选项卡单击事件
        var targetTab = this.getAttribute('href');
        if (targetTab == activeTab) {
            return;
        }
        title.innerHTML = this.querySelector('.mui-tab-label').innerHTML;
//更换标题

        //显示目标选项卡，若为 iOS 系统或非首次显示，则直接显示
        if(mui.os.ios||aniShow[targetTab]){
            plus.webview.show(targetTab);
        }else{//否则使用 fade-in 动画，且保存变量
            var temp = {};
            temp[targetTab] = "true";
            mui.extend(aniShow,temp);
            plus.webview.show(targetTab,"fade-in",300);
        }
        plus.webview.hide(activeTab);   //隐藏当前
        activeTab = targetTab;             //更改当前活跃的选项卡
    });
</script>
```

```
        </body>
</html>
```

2. 链接的 comment.css 文件增加样式代码

```
body{
    touch-action: none;/*去除触摸事件的默认行为，但是 touch 等事件照样触发*/
}
```

3. home.html 页面代码

```
<!doctype html>
<html>
    <head>
        <meta charset="UTF-8">
        <title>首页</title>
        <meta name="viewport" content="width=device-width,initial-scale=1,minimum-scale=1,
maximum-scale=1,user-scalable=no" />
        <link href="css/mui.min.css" rel="stylesheet" />
        <link href="css/comment.css" rel="stylesheet" />
    </head>
    <body>
      <div class="mui-scroll-wrapper">
        <div class="mui-scroll">        <!--使得真机运行时页面也能滚动显示-->
        <ul class="mui-table-view mui-grid-view">
            <li class="mui-table-view-cell mui-media mui-col-xs-6">
                <a href="#">
                    <img class="mui-media-object" src="img/ks.png">
                    <div class="mui-media-body">复习指南</div>
                </a>
            </li>
            <li class="mui-table-view-cell mui-media mui-col-xs-6">
                <a href="#">
                    <img class="mui-media-object" src="img/shu.png">
                    <div class="mui-media-body">测试纲要</div>
                </a>
            </li>
        </ul>
        <ul class="mui-table-view">
            <li class="mui-table-view-cell mui-media">
                <a href="javascript:;">
                    <img class="mui-media-object mui-pull-left" src="img/js.jpg">
                    <div class="mui-media-body">
                        技术文章
                        <p class="mui-ellipsis">JavaScript 学习指南 0 基础入门到精通（一）</p>
```

187

```
                                    </div>
                        </a>
                </li>
                <li class="mui-table-view-cell mui-media">
                        <a href="javascript:;">
                                <img class="mui-media-object mui-pull-left" src="img/js.jpg">
                                <div class="mui-media-body">
                                        技术文章
                                        <p class="mui-ellipsis">JavaScript 学习指南 0 基础入门到精通（二）</p>
                                </div>
                        </a>
                </li>
                <!—布局如上多个类似的 li -->
        </ul>
    </div>
</div>
<script src="js/mui.min.js"></script>
<script type="text/javascript">
        mui.init();
        mui(".mui-scroll-wrapper").scroll({
                bounce: false,      //滚动条是否有弹力，默认是 true
                indicators: false,  //是否显示滚动条，默认是 true
        });
</script>
</body>
</html>
```

4. mymsg.html 页面代码

```
<!doctype html>
<html>
    <head>
        <meta charset="UTF-8">
        <title>我的消息</title>
        <meta name="viewport" content="width=device-width,initial-scale=1,minimum-scale=1,
maximum-scale=1,user-scalable=no" />
        <link href="css/mui.min.css" rel="stylesheet" />
    </head>
    <body>
        <div class="msg"> 消 息：单元测试 1 成绩</div>
        <script src="js/mui.min.js"></script>
        <script type="text/javascript">
            mui.init();
        </script>
```

```
        </body>
    </html>
```

5. mytest.html 页面代码

```html
<!doctype html>
<html>
    <head>
        <meta charset="UTF-8">
        <title>我的测试</title>
        <meta name="viewport" content="width=device-width,initial-scale=1,minimum-scale=1,
maximum-scale=1,user-scalable=no" />
        <link href="css/mui.min.css" rel="stylesheet" />
    </head>
    <body>
        <div class="msg">
            准备好了么？ <br /><br />
            <button type="button" class="mui-btn mui-btn-blue mui-btn-outlined">开 始 测 试
</button></div>
        <script src="js/mui.min.js"></script>
        <script type="text/javascript">
            mui.init();
        </script>
    </body>
</html>
```

mine.html 页面的示例代码如下。

```html
<!doctype html>
<html>
    <head>
        <meta charset="UTF-8">
        <title>我的</title>
        <meta name="viewport" content="width=device-width,initial-scale=1,minimum-scale=1,
maximum-scale=1,user-scalable=no" />
        <link href="css/mui.min.css" rel="stylesheet" />
        <style>
            #list {
                margin: 25px 0;
            }
            #list img {
                width: 28px;
                height: 28px;
                margin-top: -5px;
            }
```

```
                  </style>
         </head>
         <body>
              <div class="mui-content">
                   <ul class="mui-table-view">
                        <li class="mui-table-view-cell mui-media">
                             <a href="javascript:;">
                                  <img class="mui-media-object mui-pull-left" src="img/
person.jpg">

                                  <div class="mui-media-body">
                                       <span>韩梅梅</span>
                                       <p>新的一天，迎接新的挑战！</p>
                                  </div>
                             </a>
                        </li>
                   </ul>
                   <ul class="mui-table-view" id="list">
                        <li class="mui-table-view-cell ">
                             <a href="javascript:;">
                                  <img class="mui-media-object mui-pull-left" src="img/sc.
jpg">我的收藏
                             </a>
                        </li>
                        <li class="mui-table-view-cell ">
                             <a href="javascript:;">
                                  <img class="mui-media-object mui-pull-left" src="img/bj.
jpg">我的笔记
                             </a>
                        </li>
                        <li class="mui-table-view-cell ">
                             <a href="javascript:;">
                                  <img class="mui-media-object mui-pull-left" src="img/xz.
jpg">我的小组
                             </a>
                        </li>
                        <li class="mui-table-view-cell ">
                             <a href="javascript:;">
                                  <img class="mui-media-object mui-pull-left" src="img/set.
png">设置
                             </a>
                        </li>
                   </ul>
                   <ul class="mui-table-view">
```

```
                    <li class="mui-table-view-cell ">
                        <a style="text-align: center;color: #ff3b30;" id="btLogout">
退出登录</a>
                    </li>
                </ul>
        <script src="js/mui.min.js"></script>
        <script type="text/javascript">
            mui.init();
        </script>
    </body>
</html>
```

单击首页底部标签可跳转到对应的子页面，效果如图 6-1、图 6-4（a）、图 6-4（b）和图 6-5 所示。

图 6-5 "我的"页面效果

6.1.4 MUI 页面间跳转并传值实现详情页面展示

在移动 App 中，页面之间的跳转并传值是很常用的，一种典型的应用就是从新闻列表页将新闻的 id 属性值传递到详情页显示。虽然使用 MUI 制作的 App 也是由 Web 页面组成的，但是页面之间的跳转应尽量不要使用<a></a>超链接标签对进行跳转，MUI 提供了更加好用而且性能更优的方法——mui.openWindow()。

1. mui.openWindow()方法

mui.openWindow()方法语法格式及参数说明的示例代码如下。

```
mui.openWindow({
    url:new-page-url,
    id:new-page-id,
    styles:{
        top:newpage-top-position,          //新页面顶部位置
        bottom:newage-bottom-position,     //新页面底部位置
        width:newpage-width,               //新页面宽度，默认为 100%
        height:newpage-height,             //新页面高度，默认为 100%
        ...
    },
    extras:{
        ...              //自定义扩展参数，可以用来处理页面间传值
    },
    createNew:false,     //是否重复创建同样 id 属性值的 WebView，默认为 false，不重复创建，直接显示
    show:{
        autoShow:true,   //页面 loaded 事件发生后自动显示，默认为 true
        aniShow:animationType,   //页面显示动画，默认为 slide-in-right
        duration:animationTime   //页面动画持续时间，Android 默认值: 100 毫秒，iOS 默认值: 200 毫秒
    },
    waiting:{
        autoShow:true,      //自动显示等待对话框，默认为 true
        title:'正在加载...',  //等待对话框上显示的提示内容
        options:{
            width:waiting-dialog-width,     //等待对话框背景区域宽度，默认根据内容自动计算合适宽度
            height:waiting-dialog-height,   //等待对话框背景区域高度，默认根据内容自动计算合适高度
            ...
        }
    }
})
```

2. 页面之间传值

要实现页面之间的跳转并传值，首先要为主页面链接添加单击事件，页面之间传值的关键所在是使用 extras 对象封装数据，将需要传递给新页面的数据以键值对的形式送达，语法格式如下。

```
extras:{
    // 打开页面的同时，向新页面传递数据
}
```

【例 6-1】单击"电话"标签跳转到"拨打电话"子页面，真机运行效果如图 6-6 和图 6-7 所示。

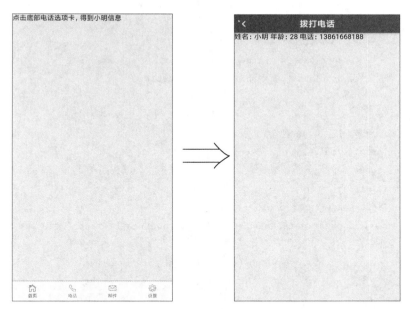

图 6-6　主页面传值效果　　　　图 6-7　子页面接受值展示效果

主页面示例代码如下。

```
<!doctype html>
<html>
    <head>
        <meta charset="UTF-8">
        <title></title>
        <meta name="viewport" content="width=device-width,initial-scale=1,minimum-scale=1,
maximum-scale=1,user-scalable=no" />
        <link href="css/mui.min.css" rel="stylesheet" />
        <link href="css/comment.css" rel="stylesheet" />
    </head>
    <body>
        <nav class="mui-bar mui-bar-tab">
            <a class="mui-tab-item mui-active">
                <span class="mui-icon mui-icon-home"></span>
                <span class="mui-tab-label">首页</span>
            </a>
            <a class="mui-tab-item" id="tab2">
                <span class="mui-icon mui-icon-phone"></span>
                <span class="mui-tab-label">电话</span>
            </a>
            <a class="mui-tab-item">
                <span class="mui-icon mui-icon-email"></span>
```

```
                    <span class="mui-tab-label">邮件</span>
            </a>
            <a class="mui-tab-item">
                    <span class="mui-icon mui-icon-gear"></span>
                    <span class="mui-tab-label">设置</span>
            </a>
    </nav>
```
单击底部电话选项卡，得到小明信息
```
<script src="js/mui.min.js"></script>
<script type="text/javascript">
    mui.init();
    mui.plusReady(function(){
            document.getElementById('tab2').addEventListener('tap',function(){
//选项卡单击事件
                    mui.openWindow({//点击电话选项卡打开 tel.html 页面
                            url:'tel.html',
                            id:'tel.html',
                            extras:{    //extras 用于传递参数，传了 3 个参数
                                    name:'小明',
                                    age:'28',
                                    tel:'13861668188'
                            }
                    });
            })
    });
</script>
    </body>
</html>
```

子页面接受参数，只需要先取到当前详情页的 WebView，并从当前 WebView 中取到传过来的数据，示例代码如下。

```
mui.plusReady(function(){
 //var sData = plus.webview.currentWebview();  // 取到当前的 WebView
   // 通过 WebView 的 id 属性获取指定的 WebView
    var sData = plus.webview.getWebviewById("tel.html");
})
```

说明：由上述代码可以看到，取到当前 WebView 的方式有两种，一种是直接取到当前 WebView，另一种是使用 WebView 的 id 属性获得指定的 WebView。不管哪种方式，拿到 WebView 以后，就可以直接以键取值。

子页面示例代码如下。

```
<!doctype html>
```

```html
<html>
    <head>
        <meta charset="UTF-8">
        <title></title>
        <meta name="viewport" content="width=device-width,initial-scale=1,minimum-scale=1,
maximum-scale=1,user-scalable=no" />
        <link href="css/mui.min.css" rel="stylesheet" />
        <link href="css/comment.css" rel="stylesheet" />
    </head>
    <body>
        <header class="mui-bar mui-bar-nav">
            <a class="mui-action-back mui-icon mui-icon-left-nav mui-pull-left"></a>
            <h1 class="mui-title">拨打电话</h1>
        </header>
        <div class="mui-content">
            姓名：<span id="name"></span>
            年龄：<span id="age"></span>
            电话：<span id="tel"></span>
        </div>
        <script src="js/mui.min.js"></script>
        <script type="text/javascript">
            mui.init();
            mui.plusReady(function(){//mui.plusRedy()方法必须要在真机情况下才能调试
                var sData = plus.webview.currentWebview();  // 取到当前的 WebView
                //var sData = plus.webview.getWebviewById("tel.html");
                var name = mui('#name'); //mui 是选择器
                //这里虽然是根据 id 属性获取的，但赋值的时候也要用 name[0]，因获取的是一个数组
                name[0].innerHTML = sData.name;
                var age = mui('#age');
                age[0].innerHTML = sData.age;
                var tel = mui('#tel');
                tel[0].innerHTML = sData.tel;
            })
        </script>
    </body>
</html>
```

comment.css 文件在 6.1.3 小节的基础上再增加样式示例代码如下。

```css
.mui-bar-nav a{
    color: white; //使得标题栏返回图标的颜色和标题文字的颜色一致
}
```

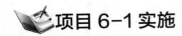

📖 项目 6-1 实施

任务 1　项目分析

　　本项目实现在线测试系统的页面跳转，单击技术文章列表页中的列表项，跳转并传值实现对应技术文章详情页的效果展示，如图 6-8 所示，拓展实现图 6-2、图 6-3 和图 6-9 所示的效果。

任务 2　在线测试系统页面跳转：技术文章列表页的实现

　　首先要为技术文章列表页的所有列表项添加单击事件，并获取到每个列表项的相关信息，将信息传入详情页。这些操作都需要在 mui.plusReady()方法中写入，其中页面数据传递的语法格式如下。

```
extras:{
    // 打开页面的同时，向新页面传递数据
}
```

　　这就是页面之间传值的关键所在，使用 extras 对象将需要传递给新页面的数据以键值对的形式送达。修改 6.1.3 小节中 home.html 页面的示例代码如下。

```
<!doctype html>
<html>
    <head>
        <meta charset="UTF-8">
        <title>文章列表页</title>
        <meta name="viewport" content="width=device-width,initial-scale=1,minimum-scale=1,
maximum-scale=1,user-scalable=no" />
        <link href="css/mui.min.css" rel="stylesheet" />
        <link href="css/comment.css" rel="stylesheet" />
    </head>
    <body>
      <div class="mui-scroll-wrapper">
        <div class="mui-scroll">       <!--使得真机运行时，页面也能滚动显示-->
        <ul class="mui-table-view mui-grid-view">
            <li class="mui-table-view-cell mui-media mui-col-xs-6">
                <a href="#">
                        <img class="mui-media-object" src="img/ks.png">
                        <div class="mui-media-body">复习指南</div>
                </a>
            </li>
            <li class="mui-table-view-cell mui-media mui-col-xs-6">
```

```html
                    <a href="#">
                        <img class="mui-media-object" src="img/shu.png">
                        <div class="mui-media-body">测试纲要</div>
                    </a>
            </li>
        </ul>
        <ul class="mui-table-view list">
            <li class="mui-table-view-cell mui-media">
                    <a href="javascript:;">
                        <img class="mui-media-object mui-pull-left" src="img/js.jpg">
                        <div class="mui-media-body">
                            <span>技术文章</span>
                            <p class="mui-ellipsis">JavaScript 学习指南 0 基础入门到精通（一）
</p>
                        </div>
                    </a>
            </li>
            <!--布局如上多个类似的 li -->
        </ul>
    </div>
</div>
<script src="js/mui.min.js"></script>
<script type="text/javascript">
        mui.init();
        mui(".mui-scroll-wrapper").scroll({
            bounce: false,    //滚动条是否有弹力，默认是 true
            indicators: false,  //是否显示滚动条，默认是 true
        });
        mui.plusReady(function() {
            mui('.list').on('tap', 'li', function() {
                var thisHtml = this.querySelector('span').innerHTML;
                var thisContent= this.querySelector('p').innerHTML;
                mui.openWindow({
                    url: "detail.html",
                    id: "detail.html",
                    waiting: {
                        autoShow: false
                    },
                    extras: {
                        name: thisHtml,
                        content:thisContent
                    }
```

```
                        });
                    });
                });
        </script>
    </body>
</html>
```

任务 3   在线测试系统页面跳转：详情页接受列表页传值

当列表页数据传给详情页后，详情页接受就很简单了，只需要先取到当前详情页的 WebView，并从当前 WebView 中获取到传过来的数据即可，示例代码如下。

```
mui.plusReady(function(){
 var slef = plus.webview.currentWebview();   // 取到当前的 WebView
   // 通过 WebView 的 id 属性获取指定的 WebView
    //var slef = plus.webview.getWebviewById("detail.html");
})
```

新建 detail.html 页面，示例代码如下。

```
<!doctype html>
<html>
    <head>
        <meta charset="UTF-8">
        <title>技术文章详情</title>
        <meta name="viewport" content="width=device-width,initial-scale=1,minimum-scale=1,
maximum-scale=1,user-scalable=no" />
        <link href="css/mui.min.css" rel="stylesheet" />
        <link href="css/comment.css" rel="stylesheet" />
    </head>
    <body>
        <header class="mui-bar mui-bar-nav">
            <a class="mui-action-back mui-icon mui-icon-left-nav mui-pull-left"></a>
            <h1 class="mui-title" id="title">标题</h1>
        </header>
        <div class="mui-content"> </div>
        <script src="js/mui.min.js"></script>
        <script type="text/javascript">
            mui.init()
          mui.plusReady(function(){
                var self = plus.webview.currentWebview();
                var name = self.name;
                var content = self.content;
```

```
                var title = document.getElementById("title");
                title.innerHTML=name;        //详情页标题显示
                document.querySelector('.mui-content').innerHTML=content; //详情页内容显示
                mui.currentWebview.show();    //显示当前页面
            });
        </script>
    </body>
</html>
```

单击图 6-1 所示列表页中的某一列表项，如第五个，便可打开对应的详情页，效果如图 6-8 所示。

图 6-8　跳转到详情页并传值

任务 4　在线测试系统页面跳转拓展：列表页跳转并传值实现对应文章详情页面展示

拓展实现任务 3 的功能：文章列表页跳转并传值实现对应文章详情页面的展示，单击列表页中的列表项，打开对应技术文章详情页面，并进行效果展示，如图 6-9 所示。

图 6-9　拓展详情页效果展示

1. 列表页代码

```
<!doctype html>
<html>
    <head>
        <meta charset="UTF-8">
        <title>文章列表页</title>
        <meta name="viewport" content="width=device-width,initial-scale=1,minimum-scale=1,
maximum-scale=1,user-scalable=no" />
        <link href="css/mui.min.css" rel="stylesheet" />
        <link href="css/comment.css" rel="stylesheet" />
    </head>
    <body>
      <div class="mui-scroll-wrapper">
        <div class="mui-scroll">        <!--使得真机运行时，页面也能滚动显示-->
        <ul class="mui-table-view mui-grid-view">
            <li class="mui-table-view-cell mui-media mui-col-xs-6">
                <a href="#">
                        <img class="mui-media-object" src="img/ks.png">
                        <div class="mui-media-body">复习指南</div>
                </a>
            </li>
            <li class="mui-table-view-cell mui-media mui-col-xs-6">
                <a href="#">
```

```html
                        <img class="mui-media-object" src="img/shu.png">
                        <div class="mui-media-body">测试纲要</div>
                </a>
            </li>
        </ul>
        <ul class="mui-table-view list">
            <li class="mui-table-view-cell mui-media">
                <a href="javascript:;">
                        <img class="mui-media-object mui-pull-left" src="img/js.jpg">
                        <div class="mui-media-body">
                                <span id="a1">技术文章</span>
                                <p class="mui-ellipsis">JavaScript 学习指南 0 基础入门到精通（一）
</p>
                        </div>
                </a>
            </li>
            <li class="mui-table-view-cell mui-media">
                <a href="javascript:;">
                        <img class="mui-media-object mui-pull-left" src="img/js.jpg">
                        <div class="mui-media-body">
                                <span id="a2">技术文章</span>
                                <p class="mui-ellipsis">JavaScript 学习指南 0 基础入门到精通( 二 )</p>
                        </div>
                </a>
            </li>
            <!--布局如上多个类似的 li -->
        </ul>
    </div>
</div>
<script src="js/mui.min.js"></script>
<script type="text/javascript">
        mui.init( );
        mui(".mui-scroll-wrapper").scroll({
                bounce: false,     //滚动条是否有弹力，默认是 true
                indicators: false  //是否显示滚动条，默认是 true
        });
        mui.plusReady(function() {
            mui('.list').on('tap', 'li', function() {
                    var thisHtml = this.querySelector('span').innerHTML;
                    var aid=this.querySelector('span').id;
                    var thisContent = this.querySelector('p').innerHTML;
                    mui.openWindow({
                            url: "detail.html",
```

201

```
                                    id: "detail.html",
                                    waiting: {
                                            autoShow: false
                                    },
                                    extras: {
                                            name: thisHtml,
                                            content: thisContent,
                                            aid:aid
                                    }
                            });
                    });
            });
        </script>
    </body>
</html>
```

2. 详情页代码

```
<!doctype html>
<html>
    <head>
        <meta charset="UTF-8">
        <title>article</title>
        <meta name="viewport" content="width=device-width,initial-scale=1,minimum-scale=1,
maximum-scale=1,user-scalable=no" />
        <link href="css/mui.min.css" rel="stylesheet" />
        <link href="css/comment.css" rel="stylesheet" />
    </head>
    <body>
        <header class="mui-bar mui-bar-nav">
            <a class="mui-action-back mui-icon mui-icon-left-nav mui-pull-left"></a>
            <h1 class="mui-title" id="title">标题</h1>
        </header>
        <div class=" mui-content mui-scroll-wrapper">
            <div class="mui-scroll test">        <!--使得真机运行时，页面也能滚动显示-->
            </div>
        </div>
        <script src="js/mui.min.js"></script>
        <script type="text/javascript">
            mui.init();
            mui(".mui-scroll-wrapper").scroll({
                    bounce: false,      //滚动条是否有弹力，默认是 true
                    indicators: false   //是否显示滚动条，默认是 true
            });
```

```javascript
var article = [{
    "id": "a1",
    "title": "JavaScript 一种直译式脚本语言，是一种动态类型、弱类型、基于原型的语言，
内置支持类型...",
        "author": "cojar",
        "time": "2019-3-19 15:26",
        "categories": "JavaScript",
        "src": "js1.jpg",
        "content": "JavaScript 一种直译式脚本语言，是一种动态类型、弱类型、基于原型的语
言，内置支持类型。它的解释器被称为 JavaScript 引擎，为浏览器的一部分，广泛用于客户端的脚本语言，最早是在 HTML
（标准通用标记语言下的一个应用）网页上使用，用来给 HTML 网页增加动态功能。"
    }, {
        "id": "a2",
        "title": "JavaScript 是世界上最流行的脚本语言... ",
        "author": "cojar",
        "time": "2019-3-20 16:26",
        "categories": "JavaScript",
        "src": "js2.jpg",
        "content": "JavaScript 是世界上最流行的脚本语言，因为你在计算机、手机、平板电脑
上浏览的所有的网页，以及无数基于 HTML5 的手机 App，交互逻辑都是由 JavaScript 驱动的。"
    }, {
        "id": "a3",
        "title": "JavaScript 确实很容易上手...",
        "author": "cojar",
        "time": "2019-3-21 16:56",
        "categories": "JavaScript",
        "src": "js3.jpg",
        "content": "JavaScript 确实很容易上手，但其精髓却不为大多数开发人员所熟知。编写
高质量的 JavaScript 代码更是难上加难。"
    }]; //类似数据可以扩展更多
    var aid;
    var content;
    var con = document.querySelector('.test ');
    mui.plusReady(function() {
        var self = plus.webview.currentWebview();
        var name = self.name;
        content = self.content;
        aid = self.aid;
        var title = document.getElementById("title");
        title.innerHTML = name;
        show();
        plus.nativeUI.closeWaiting(); //关闭等待对话框
        mui.currentWebview.show(); //显示当前页面
```

```
                });
                function show() {
                    for(var i in article) {
                        if(article[i].id == aid) {
                            con.innerHTML="<div class='t'>"+content+"</div>"
                            con.innerHTML+= "<div class='author'>"+article[i].time+"
"+article[i].author+"</div>"
                            con.innerHTML+=  "<div class='abstract'>"+article[i].
title+"</div>"
                            con.innerHTML+=  "<div class='t'><img src='img/"+
article[i].src+"'></div>"+"<div class='left'>"+article[i].content+"</div>";
                        }
                    }
                }
        </script>
    </body>
</html>
```

3. 引用的样式表文件 comment.css 代码

```css
.mui-bar-nav, .mui-title {
    background-color: #00A1EC;
    color: white;
    font-weight: bold;
    font-size: 20px;
    letter-spacing:6px;
}
.mui-bar-nav a {
    color: white;
}
.msg {
    margin: 20px;
    text-align: center;
    font-size: 18px;
}
body {
    touch-action: none;   /*去除触摸事件的默认行为，但是 touch 等事件照样触发*/
}
.test {
    padding: 2px 15px;
}
.t {
    text-align: center;
    padding-top: 10px;
```

```
}
.author {
    text-align: left;
    color: #555555;
    font-size: 16px;
}
.left,.abstract {
        text-align: left;
        text-indent: 2em;
}
.abstract {
        color: darkcyan;
}
.t img {
        width: 60%;
}
```

项目 6-2 描述：生鲜超市 App 购物车实现

本项目采用 MUI 实现页面的整体布局，结合 JavaScript 方法给文档中的元素设定事件处理器，引用函数，设计完成生鲜超市 App 购物车页面的制作。项目通过 JSON 数据的存储与获取和具体数据动态生成 DOM 布局，并及时通过 localStorage 存储购物车的信息，能够计算并显示选中的商品总金额，能够管理购物车中的商品，如删除选中的商品，页面运行效果如图 6-10～图 6-12 所示。

图 6-10　带删除图标的购物车列表效果　图 6-11　单击删除图标后页面提示　　图 6-12　确定删除后效果

205

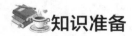

知识准备

6.2 生鲜超市 App

6.2.1 使用轮播组件实现广告轮播效果

1. 图片轮播的 DOM 结构

输入"ms"，弹出列表，选择"mGallery 图片（轮播）"，就可以快速生成图片轮播的 DOM 结构，示例代码如下。

微课 6-2：广告
轮播的实现

```html
<div id="slider" class="mui-slider" >
    <div class="mui-slider-group mui-slider-loop">
        <!-- 额外增加的一个节点（循环轮播：第一个节点是最后一张轮播图片）-->
        <div class="mui-slider-item mui-slider-item-duplicate">
            <a href="#"><img src="img/4.jpg"></a>
        </div>
        <div class="mui-slider-item"> <!-- 第一张 -->
            <a href="#"><img src="img/1.jpg"></a>
        </div>
        <div class="mui-slider-item"> <!-- 第二张 -->
            <a href="#"><img src="img/2.jpg"></a>
        </div>
        <div class="mui-slider-item"><!-- 第三张 -->
            <a href="#"><img src="img/3.jpg"></a>
        </div>
        <div class="mui-slider-item"> <!-- 第四张 -->
            <a href="#"><img src="img/4.jpg"></a>
        </div>
        <!-- 额外增加的一个节点（循环轮播：最后一个节点是第一张轮播图片）-->
        <div class="mui-slider-item mui-slider-item-duplicate">
            <a href="#"><img src="img/1.jpg"></a>
        </div>
    </div>
    <div class="mui-slider-indicator"><!-- 显示圆点 -->
        <div class="mui-indicator mui-active"></div>
        <div class="mui-indicator"></div>
        <div class="mui-indicator"></div>
        <div class="mui-indicator"></div>
    </div>
```

2. 自动轮播

要实现自动轮播，需增加的示例代码如下。

```
<script type="text/javascript">
        var gallery = mui('.mui-slider'); //获得 slider 插件对象
        gallery.slider({
            interval:5000            //自动轮播周期，若为 0，则不自动播放，默认为 0
        });
</script>
```

3. 轮播跳转

如果要跳转到第 index（图片序列索引）张图片，可以使用图片轮播插件的 gotoItem()方法，示例代码如下。

```
var gallery = mui('.mui-slider');
gallery.slider().gotoItem(index);//跳转到第 index 张图片，index 从 0 开始
```

4. 轮播事件

当拖动切换显示内容时会触发 slide 事件，通过该事件，可以获得当前显示项的索引（第一项索引为 0，第二项索引为 1，以此类推），可在显示内容切换时动态处理一些逻辑功能，示例代码如下。

```
document.querySelector(".mui-slider").addEventListener("slide", function(event) {
    mui.toast("滑动到了第"+event.detail.slideNumber+"张图片");
});
```

5. 生鲜超市广告图片轮播效果实现

实现生鲜超市广告图片轮播效果如图 6-13 所示，示例代码如下。

```
<!doctype html>
<html>
    <head>
        <meta charset="UTF-8">
        <title> Sample Page!</title>
        <meta name="viewport" content="width=device-width,initial-scale=1,minimum-scale=1,
maximum-scale=1,user-scalable=no" />
        <link href="css/mui.min.css" rel="stylesheet" />
    </head>
    <body>
        <div id="slider" class="mui-slider">
            <div class="mui-slider-group mui-slider-loop">
                <div class="mui-slider-item mui-slider-item-duplicate">
                    <a href="#"><img src="img/4.jpg"></a>
                </div> <!-- 额外增加的一个节点(循环轮播：第一个节点是最后一张轮播图片) -->
                <div class="mui-slider-item"><a href="#"><img src="img/1.jpg"></a></div>
                <div class="mui-slider-item"><a href="#"><img src="img/2.jpg"></a></div>
```

```
                    <div class="mui-slider-item"><a href="#"><img src="img/3.jpg"></a></div>
                    <div class="mui-slider-item"><a href="#"><img src="img/4.jpg"></a></div>
                    <div class="mui-slider-item mui-slider-item-duplicate">
                            <a href="#"><img src="img/1.jpg"></a>
                    </div><!-- 额外增加的一个节点(循环轮播：最后一个节点是第一张轮播图片) -->
            </div>
            <div class="mui-slider-indicator">
                    <div class="mui-indicator mui-active"></div>
                    <div class="mui-indicator"></div>
                    <div class="mui-indicator"></div>
                    <div class="mui-indicator"></div>
            </div>
        </div>
        <script src="js/mui.min.js"></script>
        <script type="text/javascript">
            mui.init();
            var gallery = mui('.mui-slider');
            gallery.slider({
                interval: 2000  //自动轮播周期，若为 0，则不自动播放，默认为 0
            });
        </script>
    </body>
</html>
```

（a）广告图片轮播布局效果　　　　　　　　（b）切换到其他广告图片的效果

图 6-13　生鲜超市广告图片轮播效果

6.2.2　数字输入框

微课 6-3：数字
输入框

MUI 提供了数字输入框（Numbox），可直接输入数字，也可以单击"+"
"−"按钮变换当前数值；默认 Numbox 的 DOM 结构比较简单，效果如图 6-14
（a）所示，示例代码如下。

```html
<div class="mui-numbox">
    <!-- "-"按钮，单击可减小当前数值 -->
    <button class="mui-btn mui-numbox-btn-minus" type="button">-</button>
    <input class="mui-numbox-input" type="number" />
    <!-- "+"按钮，单击可增大当前数值 -->
    <button class="mui-btn mui-numbox-btn-plus" type="button">+</button>
</div>
```

通过 data-numbox*自定义属性名可设置 Numbox 的属性，属性名中参数的作用如表 6-1 所示。

表 6-1　Numbox 的参数

属性名	作用
data-numbox-min	输入框允许使用的最小值，默认无限制
data-numbox-max	输入框允许使用的最大值，默认无限制
data-numbox-step	每次单击"+""−"按钮变化的步长，默认步长为 1

data-numbox-step 默认步长为 1，单击"+"按钮，每次加 1，运行效果如图 6-15（a）
所示。单击"−"按钮，每次减 1，运行效果如图 6-16（a）所示。

若设置取值范围为 0～100，每次变化步长为 10，设置取值范围后初始效果如图 6-14（b）
所示，与图 6-14（a）效果一样，单击"+"按钮，每次加 10，运行效果如图 6-15（b）所示；
单击"−"按钮，每次减 10，运行效果如图 6-16（b）所示。示例代码如下。Numbox 的常用
方法如表 6-2 所示。

```html
<div class="mui-numbox" data-numbox-step='10' data-numbox-min='0' data-numbox-max='100'>
    <button class="mui-btn mui-numbox-btn-minus" type="button">-</button>
    <input class="mui-numbox-input" type="number" />
    <button class="mui-btn mui-numbox-btn-plus" type="button">+</button>
</div>
```

（a）默认初始效果　　（b）设置取值范围初始效果

图 6-14　Numbox 初始效果

（a）默认效果　　（b）设置步长效果

图 6-15　单击 Numbox "+"按钮效果

（a）默认效果   （b）设置步长效果

图 6-16 单击 Numbox "-" 按钮效果

表 6-2 Numbox 的方法

方法名	作用
getValue()	获取当前值：mui(selector).numbox().getValue();
setValue(Value)	动态设置新值：mui(selector).numbox().setValue(5);
setOption(options)	更新选项，可取值：mui(selector).numbox().setOption('step',5);

MUI 在 mui.init()方法中会自动初始化基本控件，但是动态添加的 Numbox 需要手动初始化，语句为 "mui(selector).numbox();"。

项目 6-2 实施

任务 1 项目分析

本项目为实现购物车页面的制作，使用 MUI 组件，通过对 JSON 数据的存储与获取和具体数据动态生成 DOM 布局，并及时通过 localStorage 存储购物车的信息，能够计算并显示选中商品的总金额。最后拓展实现商品管理功能，如可以删除选中的商品，运行效果如图 6-10～图 6-12 所示。

任务 2 MUI 静态布局实现

在主体内容部分中输入 "ml"，弹出列表，选择 "mListMedia(图文列表图片居左)"，就可以生成有图片居左的列表；修改<img>标签的 src 属性值及说明文字，并增加 MUI 复选框组件和<label>标签；最后加上 Numbox，列表效果如图 6-10 所示。静态商品列表布局示例代码如下。

```
<ul class="mui-table-view" id="cartList">
    <li class="mui-table-view-cell mui-media">
        <div class=" mui-checkbox mui-left mui-pull-left" style="margin-left: -20px;">
            <input name="cartCheck" type="checkbox" id="check0">
            <label>
                <a href="javascript:;" style="display: block;" >
                    <img class="mui-media-object mui-pull-left" src="img/dbc.jpg">
                    <div class="mui-media-body">
                        大白菜  500g/份
```

```
                                  <p style="color: red;">¥<span id="price0">1</span>/份 </p>
                              </div>
                      </a>
                  </label>
              </div>
              <div class="mui-numbox mui-pull-right" data-numbox-min='1' style="font-size: 9px">
                      <button class="mui-btn mui-numbox-btn-minus " type="button">-</button>
                      <input class="mui-numbox-input" type="number" id="count0" value="1" />
                      <button class="mui-btn mui-numbox-btn-plus" type="button">+</button>
              </div>
          </li>
          <!--布局如上多个类似的 li -->
      </ul>
```

任务 3   JavaScript 实现动态列表展示及被选商品总价显示

本任务实现购物车页面动态列表展示，能够实现购买商品数量的增减及被选商品总价的动态调整显示，示例代码如下。

```
<!doctype html>
<html>
    <head>
        <meta charset="UTF-8">
        <title> Sample Page!</title>
        <meta name="viewport" content="width=device-width,initial-scale=1,minimum-scale=1,
maximum-scale=1,user-scalable=no" />
        <link href="css/mui.min.css" rel="stylesheet" />
    </head>
    <body>
        <header class="mui-bar mui-bar-nav">
            <h1 class="mui-title">购物车</h1>
        </header>
        <div class="mui-content">
            <div class="mui-bar mui-table-view-cell" style="position: fixed;bottom: 50px; ">
                <div class="mui-pull-right">
                        合计: <span style="color: red;">¥</span><span id="total">0</span>
                        <button class="mui-btn mui-btn-negative" style="background-color:
#fe6465;margin-top: -13px;" id="btCheck">结算</button>
                    </div>
                </div>
                <ul class="mui-table-view" id="cartList">
                </ul>
```

```
        </div>
        <nav class="mui-bar mui-bar-tab">
            <a class="mui-tab-item mui-active">
                <span class="mui-icon mui-icon-home"></span>
                <span class="mui-tab-label">首页</span>
            </a>
            <a class="mui-tab-item">
                <span class="mui-icon mui-icon-star-filled"></span>
                <span class="mui-tab-label">收藏</span>
            </a>
            <a class="mui-tab-item">
                <span class="mui-icon mui-icon-location-filled"></span>
                <span class="mui-tab-label">地址</span>
            </a>
            <a class="mui-tab-item">
                <span class="mui-icon mui-icon-person-filled"></span>
                <span class="mui-tab-label">我的</span>
            </a>
        </nav>
        <script src="js/mui.min.js"></script>
        <script type="text/javascript">
            mui.init();
            var cartli = [{
                            gid: "goods1",
                            gimg: "img/dbc.jpg",
                            gname: "大白菜 500g/份",
                            gprice: "1",
                            gcount: "2"
                    }, {
                            gid: "goods2",
                            gimg: "img/bc.jpg",
                            gname: "菠菜 500g/份",
                            gprice: "2.5",
                            gcount: "3"
                    }, {
                            gid: "goods3",
                            gimg: "img/qc.jpg",
                            gname: "青菜 500g/份",
                            gprice: "2",
                            gcount: "2"
                    }, {
                            gid: "goods4",
```

```
                                        gimg: "img/sc.jpg",
                                        gname: "生菜 500g/份 ",
                                        gprice: "1.5",
                                        gcount: "1"
                        }];
            var cartList = document.getElementById("cartList");
            function load() {
                    cartList.innerHTML = "";
                    var len= cartli.length;
                    for(var i = 0; i <len; i++) {
                            var s = '<li class="mui-table-view-cell mui-media">';
                            s+= '<div class=" mui-checkbox mui-left mui-pull-left" style=
"margin-left: -20px;">';
                            s+= '<input name="cartCheck" type="checkbox" id="check' + i + '">';
                            s+= '<label> <a href="javascript:;" style="display: block;" >';
                            s+= '<img class="mui-media-object mui-pull-left" src="' + cartli[i].gimg + '">';
                            s+= '<div class="mui-media-body"> ' + cartli[i].gname;
                            s+= '<p style="color: red;">￥<span  id="price' + i + '">' +
cartli[i].gprice + '</span>/份  </p> ';
                            s+= '</div> </a> </label></div>';
                            s+='<div class="mui-numbox mui-pull-right" data-numbox-min="1"
style="font-size: 9px">';
                            s+='<button class="mui-btn mui-numbox-btn-minus" type="button">-</button>';
                            s+= '<input class="mui-numbox-input" type="number" id="count' +
i + '" value="' + cartli[i].gcount + '" />';
                            s+= '<button class="mui-btn mui-numbox-btn-plus  fa" type=
"button">+</button></div></li>';
                            cartList.innerHTML += s;
                    }
                    listcout = cartList.childElementCount; //获取列表项的个数
                    for(var i = 0; i < listcout; i++) {
                            var countIn = document.getElementById("count" + i);
                            var check = document.getElementById("check" + i);
                            check.onchange = countIn.onchange = function() {
                                    changeCount();
                            };
                    }
            }
            load();
            function changeCount() {
```

```
                              var ccout = 0;   //用来保存当前商品的总个数
                              var total = 0;    //用来保存商品总金额
                              listcout = cartList.childElementCount;   //获取当前页面列表项的项目数量
                              var j = 0
                              for(var i = 0; i < listcout; i++) {
                                    var check = document.getElementById("check" + i);
                                    var count = document.getElementById("count" + i).value; //当前商品数量
                                    var price = document.getElementById("price" + i).innerHTML;
                                    cartli[i].gcount = count;
                                    if(check.checked) {
                                          total += price * count;  //获取此商品单价和个数的乘积并计入总金额
                                          j++;
                                    }
                                    ccout += parseInt(count);   //获取此商品的数量并计入商品总数量
                              }
                              document.getElementById("total").innerHTML = total;
                              save();
                        }
                        function save() {
                              goods = JSON.stringify(cartli);
                              localStorage.setItem("goods", goods); //用 localStorage 保存转化好的字符串
                        }
                        function loadlist() {
                              var list = localStorage.getItem("goods");
                        }
                  </script>
            </body>
      </html>
```

任务 4 **拓展：增加删除选中商品功能**

在任务 3 的基础上增加删除选中商品功能，在标题栏增加代码 "<span class="mui-icon mui-icon-trash mui-pull-right" id="del"></span>"，实现删除显示的图标，并增加如下 JavaScript 代码。

```
document.getElementById("del").addEventListener("tap", function() {
      listcout = cartList.childElementCount;
      var btnArray = ['取消', '确定'];
      mui.confirm('真的要删除吗？', '', btnArray, function(e) {
            if(e.index == 1) {
                  for(var i = listcout - 1; i > -1; i--) {
                        var check = document.getElementById("check" + i);
```

```
                    if(check.checked) {
                            cartli.splice(i, 1);
                    }
                }
                load();
                changeCount();
                mui('.mui-numbox').numbox();    //进行手动初始化
            }
        });
    })
document.getElementById("btCheck").addEventListener("tap", function(e) {
        mui.openWindow({
            url:"payorder.html",
            id:"payorder",
            show:{
                duration:300
            }
        })
})
```

单元小结

　　本单元重点介绍了 MUI 实现页面切换的功能，使用 MUI 与 JavaScript 实现了购物车功能。内容总结如下。

　　（1）MUI 文档就绪函数。

　　① mui.ready()是 MUI 中的文档就绪函数。

　　② 若要使用 HTML5+扩展 API，需使用 mui.plusReady()方法。

　　（2）底部 Tab 导航实现页面切换（DIV 模式）。

　　子页面 DIV 设置 id 属性，将 id 属性与底部选项卡中的每个<a>标签的 href 属性相关联。

　　（3）底部 Tab 导航实现页面切换（WebView 模式）。

　　将所有子页面都写入不同的子页面中，再通过主页面链接到一起，单击不同的标签，加载不同的子页面，这种方式更符合信息丰富的项目。

　　（4）MUI 常用组件：轮播组件、Numbox。

　　（5）JSON 数据的读取，JSON 解析与序列化及本地存储实现购物列表的展示功能。

　　（6）MUI 页面跳转并传值：在线测试系统文章列表页跳转并传值实现对应文章详情页面展示。

课后训练

【实训内容】

1. 参考在线测试系统的列表页完成教务信息列表页的布局效果。

2. 参考在线测试系统的技术文章列表页跳转并传值实现对应详情页面展示，实现教务信息列表页跳转并传值实现教务信息详情页面展示。

【拓展内容】

1. 参考图 6-17 补充完成生鲜超市 App 首页的布局效果。

2. 拓展实现商品列表页跳转并传值实现对应商品详情页面的展示，效果大致如图 6-18 和图 6-19 所示。

图 6-17 生鲜超市首页布局效果

图 6-18 商品列表页

图 6-19 商品详情页面展示

单元 7
在线测试系统主体功能

项目导入

本单元的项目任务是使用 MUI 实现在线测试系统的页面布局，利用 JavaScript 实现登录验证功能及测试主功能（包括测试数据的动态展示、测试评分、错题解析、单元测试列表页跳转并传值实现对应单元测试页面展示等）。

职业能力目标和要求	
	掌握基于 MUI 的页面制作方法和使用 JavaScript 控制页面元素的方法。
	能够使用 MUI 实现页面整体布局。
	掌握 MUI 常用表单控件的使用，能够实现 form 对象及其子对象的综合应用。
	能够实现表单的严谨验证，并给予提示。
	能实现 DOM 事件的触发和处理。
	能够实现元素的动态创建。
	能使用本地存储保存用户信息，方便用户浏览记录。
	理解 Ajax 的概念及相关技术，能使用 Ajax 实现浏览器与服务器之间的异步交互。

项目描述：实现在线测试系统主体功能

在线测试系统让学生平时的考核智能化，此系统采用 MUI 实现页面的整体布局，使用 JavaScript 实现测试功能，学生可以选择在最佳状态的时候参加考试。在线测试系统登录验证页面如图 7-1 所示，单元测试列表页面如图 7-2 所示，选择测试单元可打开图 7-3 所示的测试页面。单击"开始测试"按钮开始进行测试，如图 7-4 所示，确认是否提交的提示页面和测试结果页面如图 7-5 和图 7-6 所示。

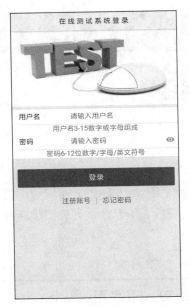

图 7-1　登录验证页面

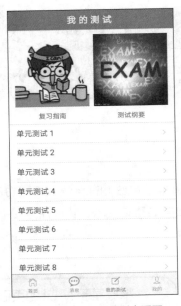

图 7-2　单元测试列表页面

图 7-3　测试页面

图 7-4　测试进行页面

图 7-5　确认是否提交的提示页面

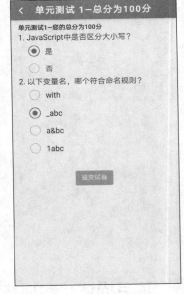

图 7-6　测试结果页面

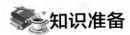知识准备

7.1　MUI 复选框、单选框的使用

复选框和单选框在表单中应用十分广泛，但是浏览器默认自带的复选框和单选框样式不但不

微课 7-1：单选框、
复选框的使用

统一，而且大多都比较简陋。相比之下，MUI 表单控件的复选框（Checkbox）
和单选框（Radio）能更快速、更美观地实现页面布局。

7.1.1 复选框

MUI 复选框常用于多选的情况，比如批量删除、添加等。在文档中输入
"mc"，弹出列表，选择"mCheckbox(复选框)"，就可以生成复选框，DOM 结构如下，效果如
图 7-7（a）所示。示例代码如下。

```
<div class="mui-input-row mui-checkbox ">
    <label>Checkbox</label>
    <input name="Checkbox" type="checkbox" checked>
</div>
```

复选框默认在右侧显示，若希望在左侧显示，效果如图 7-7（b）所示，只需引用.mui-left
类即可，示例代码如下。

```
<div class="mui-input-row mui-checkbox mui-left">
    <label>checkbox 左侧显示示例</label>
    <input name="checkbox1" value="Item 1" type="checkbox">
</div>
```

在文档中输入"mc"，弹出列表，选择"mCheckbox(复选框居左)"，就可以生成左侧显示
的复选框。若要禁用复选框，只需在"Checkbox"上增加 disabled 属性即可，也可以在文档中
输入"mc"选择"mCheckbox(复选框禁用选项)"。

（a）复选框在右侧显示效果　　　　　　　　（b）复选框在左侧显示效果

图 7-7　复选框效果

7.1.2 JavaScript 获取复选框的值

<label>标签环绕可以达到扩大选区的效果，这样单击复选按钮或说明文字都可以选中复选
框，示例代码如下。

```
<div class="mui-input-row mui-checkbox mui-left">
  <label> <input type="checkbox" name="hobby" value="足球" >足球</label>
</div>
```

【例 7-1】利用 MUI 复选框实现"请选择喜欢的运动"页面的布局，效果如图 7-8 所示，示
例代码如下。

```
<!doctype html>
<html>
```

```
    <head>
        <meta charset="UTF-8">
    <title> Sample Page!</title>
        <meta name="viewport" content="width=device-width,initial-scale=1,minimum-scale=1,
maximum-scale=1,user-scalable=no" />
        <link href="css/mui.min.css" rel="stylesheet" />
    </head>
    <body>
        <header class="mui-bar mui-bar-nav">
            <h1 class="mui-title">请选择喜欢的运动</h1>
        </header>
        <div class="mui-content">
            <div class="mui-input-row mui-checkbox mui-left">
                <label> <input type="checkbox" name="hobby" value="足球" >足球</label>
            </div>
            <div class="mui-input-row mui-checkbox mui-left">
                <label> <input type="checkbox" name="hobby" value="篮球">篮球</label>
            </div>
            <div class="mui-input-row mui-checkbox mui-left">
                <label> <input type="checkbox" name="hobby" value="乒乓球">乒乓球</label>
            </div>
            <button type="button" id="bt" class="mui-btn mui-btn-blue">我喜欢的运动</button>
        </div>
        <br><div id="info"></div>
        <script src="js/mui.min.js"></script>
        <script type="text/javascript">
            mui.init();
            document.getElementById('bt').addEventListener('tap', function() {
                getVals();
            });
            var info=document.getElementById("info");
            function getVals() {
                    var res = getCheckBoxRes('hobby');
                    if(res.length < 1){
                            info.innerHTML='请选择!!';
                            return;
                    }
                    info.innerHTML="我喜欢: "+res
            }
            function getCheckBoxRes(Name){
                    var csObj = document.getElementsByName(Name);
                    var checkVal = new Array();
                    var k = 0;
```

```
                        for(i = 0; i < csObj.length; i++){
                            if(csObj[i].checked){
                                checkVal[k] = csObj[i].value;
                                k++;
                            }
                        }
                        return checkVal;
                    }
                </script>
            </body>
        </html>
```

（a）复选框未选择时单击按钮的效果

（b）复选框选择后单击按钮的效果

图 7-8　复选框实现"请选择喜欢的运动"页面效果 1

【例 7-2】利用全选复选框实现"请选择喜欢的运动"页面中选项的全选和全不选（不勾选全选时即为全不选），并根据页面中选项是否全选控制复选框的选中状态，效果如图 7-9 所示，示例代码如下。

```
<!doctype html>
<html>
    <head>
        <meta charset="UTF-8">
        <title> Sample Page!</title>
        <meta name="viewport" content="width=device-width,initial-scale=1,minimum-scale=1,
maximum-scale=1,user-scalable=no" />
        <link href="css/mui.min.css" rel="stylesheet" />
    </head>
    <body>
```

```
          <header class="mui-bar mui-bar-nav"><h1 class="mui-title">请选择喜欢的运动</h1>
</header>
          <div class="mui-content">
              <form class="mui-input-group">
                  <div class="mui-input-row mui-checkbox">
                      <label><input id="selectall"  type="checkbox"> 全选</label>
                  </div>
                  <div class="mui-input-row mui-checkbox">
                      <label><input name="subcheck"  type="checkbox"> 足球</label>
                  </div>
                  <div class="mui-input-row mui-checkbox">
                      <label><input name="subcheck"  type="checkbox"> 篮球</label>
                  </div>
                  <div class="mui-input-row mui-checkbox">
                      <label><input name="subcheck"  type="checkbox"> 乒乓球</label>
                  </div>
              </form>
          </div>
          <script src="js/mui.min.js"></script>
          <script type="text/javascript">
              mui.init();
              var chkall = document.getElementById("selectall");
              chkall.addEventListener("change", function() {
                  mui("input[name='subcheck']").each(function() {
                      this.checked = chkall.checked;
                  });
              }, false);
              var cbknum = mui("input[name='subcheck']").length;
              mui(".mui-input-group").on("change", "input[name='subcheck']", function() {
                  single_check();
              });
              function single_check() {
                  var chknum = 0;
                  mui("input[name='subcheck']").each(function() {
                      if(this.checked) {
                          chknum++;
                      }
                      if(cbknum == chknum) {
                          chkall.checked = true;
                      } else {
                          chkall.checked = false;
                      }
                  });
```

```
                }
            </script>
        </body>
    </html>
```

（a）全选复选框实现全选效果　　　（b）全选复选框实现全不选效果　　　（c）复选框实现部分选择时效果

图 7-9　复选框实现"请选择喜欢的运动"页面效果 2

7.1.3　单选框

MUI 单选框用于单选的情况，在文档中输入"mr"，弹出列表，选择"mRadio(单选框)"，就可以生成单选框，DOM 结构如下，效果如图 7-10（a）所示。示例代码如下。

```
<div class="mui-input-row mui-radio">
    <label>radio</label> <input name="radio" type="radio">
</div>
```

单选框默认在右侧显示，若希望在左侧显示，效果如图 7-10（b）所示，只需引用.mui-left 类即可，示例代码如下。

```
<div class="mui-input-row mui-radio mui-left">
    <label>radio</label> <input name="radio1" type="radio">
</div>
```

（a）单选框在右侧显示效果　　　　　　　（b）单选框在左侧显示效果

图 7-10　单选框效果

223

输入"mr"，弹出列表，选择"mRadio(单选框居左)"，也可以生成左侧显示的单选框，若要禁用单选框，只需在"Radio"上增加 disabled 属性即可。

7.1.4 JavaScript 获取单选框的值

<label>标签环绕可以达到扩大选区的效果，这样单击单选框或说明文字都可以选中，示例代码如下。

```
<div class="mui-input-row mui-radio mui-left">
     <label> <input type="radio" name="hobby" value="足球" >足球</label>
</div>
```

【例 7-3】利用单选框实现"请选择最喜欢的运动"页面布局，效果如图 7-11 所示，示例代码如下。

微课 7-2:单选框
值的获取

```
<!doctype html>
<html>
    <head>
        <meta charset="UTF-8">
        <title> Sample Page!</title>
        <meta name="viewport" content="width=device-width,initial-scale=1,minimum-scale=1,
maximum-scale=1,user-scalable=no" />
        <link href="css/mui.min.css" rel="stylesheet" />
    </head>
    <body>
        <header class="mui-bar mui-bar-nav">
            <h1 class="mui-title">请选择最喜欢的运动</h1>
        </header>
        <div class="mui-content">
            <div class="mui-input-row mui-radio mui-left">
                <label><input type="radio" name="hobby" value="足球" >足球</label>
            </div>
            <div class="mui-input-row mui-radio mui-left">
                <label><input type="radio" name="hobby" value="篮球">篮球</label>
            </div>
            <div class="mui-input-row mui-radio mui-left">
                <label><input type="radio" name="hobby" value="乒乓球">乒乓球</label>
            </div>
            <button type="button" id="bt" class="mui-btn mui-btn-blue">我最喜欢的运动</button>
        </div>
        <br><div id="info"> </div>
        <script src="js/mui.min.js"></script>
        <script type="text/javascript">
            mui.init();
```

```
document.getElementById('bt').addEventListener('tap', function() {
    getVals();
});
var info=document.getElementById("info");
function getVals() {
        var res = getRadioRes('hobby');
        if(res == null) {
                info.innerHTML='请选择!!';
                return;
        }
         info.innerHTML="我最喜欢: "+res;
}
function getRadioRes(Name) {
        var rdsObj = document.getElementsByName(Name);
        var checkVal = null;
        for(i = 0; i < rdsObj.length; i++) {
                if(rdsObj[i].checked) {
                        checkVal = rdsObj[i].value;
                        break;      //单选，遇到被选中的就停止循环，提高性能
                }
        }
        return checkVal;
}
        </script>
    </body>
</html>
```

（a）单选框未选中时单击按钮的效果　　（b）单选框选中后单击按钮的效果

图 7-11　单选框实现"请选择最喜欢的运动"页面效果

225

7.1.5 实现列表式单选

MUI 提供了实现列表式单选的功能，在列表根节点上引用.mui-table-view-radio 类即可，若要默认选中某项，只需要在对应 li 节点上引用.mui-selected 类。在文档中输入"mr"，弹出列表，选择"mRadios(默认选中指定项)"，就可以生成列表式单选组的 DOM 结构，代码如下。

```html
<ul class="mui-table-view mui-table-view-radio">
    <li class="mui-table-view-cell"><a class="mui-navigate-right">Item 1</a></li>
    <li class="mui-table-view-cell mui-selected"><a class="mui-navigate-right">Item 2</a></li>
    <li class="mui-table-view-cell"><a class="mui-navigate-right">Item 3</a></li>
</ul>
```

实现列表式单选过程中，当切换选中项时会触发 selected 事件，在事件参数（e.detail.el）中可以获得当前选中的 DOM 节点，输出当前选中项的 innerHTML，效果如图 7-12 所示，示例代码如下。

```javascript
var list = document.querySelector(".mui-table-view.mui-table-view-radio");
list.addEventListener('selected',function(e){
    mui.toast ("当前选中的为："+e.detail.el.innerText);
});
```

图 7-12　列表式单选效果

7.2　Ajax 简介

Ajax 技术的核心是 XMLHttpRequest 对象（简称 XHR），XHR 为系统向服务器发送请求和解析服务器响应提供了流畅的接口，能够以异步方式从服务器取得更多信息。用户只要触发某一事件，可以不必刷新页面也能取得新数据，也就是说，可以使用 XHR 取得新数据，然后再通过访问 DOM 将新数据插入页面中。虽然 XHR 名字中包含 XML 的成分，但 Ajax 技术与数据格式无关，Ajax 技术无须刷新页面即可从服务器取得数据，但不一定是 XML 数据。

7.2.1　mui.ajax()方法

MUI 封装了常用的 Ajax 函数，支持 GET 请求方式、POST 请求方式，支持返回 JSON、XML、HTML、Text、Script 等格式内容。本着极简的设计原则,MUI 提供了 mui.ajax()方法,并在 mui.ajax()

方法的基础上进一步简化出常用的 mui.get()方式、mui.getJSON()方式、mui.post()方法。

mui.ajax()方法参数及说明如表 7-1 所示。

表 7-1 mui.ajax()方法的常用参数及说明

参数	说明
url	String 型，请求发送的目标地址，就是文件在服务器上的位置
async	发送同步请求：true（异步）或 false（同步）
data	{xx:xx,xxx:xxx} 发送到服务器的业务数据
dataType	xml：返回 XML 文档；html：返回纯文本 HTML 信息；script：返回纯文本 JavaScript 代码；json：返回 JSON 数据；text：返回纯文本字符串
error	请求失败时触发的回调函数，该函数接收 3 个参数，xhr：XHR 实例对象；type：错误描述，可取 timeout、error、abort、parsererror、null；errorThrown：可捕获的异常对象
success	请求成功时触发的回调函数，该函数接收 3 个参数，data：服务器返回的响应数据，格式可以是 JSON、XML、String 等；textStatus：状态描述，默认值为 success；xhr：XHR 实例对象
timeout	请求超时时间（毫秒），默认值为 0，表示永不超时；如果超过设置的超时时间（非 0 的情况）依然未收到服务器响应，就触发 error 回调
type	请求方式，目前仅支持 GET 请求方式和 POST 请求方式，默认为 GET 请求方式
headers	指定 HTTP 请求的 Header

对比两种请求方式，与 POST 请求方式相比，GET 请求方式更简单也更快，并且在大部分情况下都能用，通常用于获取数据（如浏览帖子）；POST 请求方式没有缓存，适合更新服务器上的文件或数据库时使用（如用户注册）。POST 请求方式可以向服务器发送大量数据，发送包含未知字符的用户输入时，POST 请求方式比 GET 请求方式更稳定也更可靠。

远程登录验证代码如下。

```
mui.plusReady(function(){
            document.getElementById('tab2').addEventListener('tap',function(){
//选项卡单击事件
                mui.openWindow({//点击电话选项卡打开 tel.html 页面
                    url:'tel.html',
                    id:'tel.html',
                    extras:{    //extras 用于传递参数，传了 3 个参数
                        name:'小明',
                        age:'28',
                        tel:'13861668188'
                    }
                });
            })
        });
```

7.2.2 Ajax 简化模式

mui.post()方法是 mui.ajax()方法的一个简化方法，直接使用 POST 请求方式向服务器发送数据，且不处理发送超时和异常情况（若需处理发送异常及超时情况，须使用 mui.ajax()方法），语法格式如下。

```
mui.post(url[,data][,success][,dataType])
```

远程登录验证代码时将 mui.ajax()方法换成 mui.post()方法后，代码会更为简洁，示例代码如下。

```
mui.post('serverLoaction/login.php',{      //服务器地址
    username:'username',
    password:'password'
},function(data){
    //服务器返回响应，根据响应结果分析是否登录成功
},'json');
```

mui.get()方法的用法和 mui.post()方法的用法类似，只不过是直接使用 GET 请求方式向服务器发送数据，且不处理发送超时和异常情况（若需处理发送异常或超时情况，需使用 mui.ajax()方法），使用方法如下。

```
mui.get(url[,data][,success][,dataType])
```

例如使用 mui.get()方法获得某服务器新闻列表，服务器以 JSON 格式返回数据列表，示例代码如下。

```
mui.get'serverLoaction/list.php',{category:'news'},function(data){
    //获得服务器响应
},'json');
```

mui.getJSON()方法是在 mui.get()方法的基础上更进一步简化，限定返回 JSON 格式的数据，其他参数和 mui.get()方法一致，使用方法如下。

```
mui.getJSON (url[,data][,success])
```

如上，获得新闻列表的方法换成 mui.getJSON()方法后，更为简洁，示例代码如下。

```
mui.getJSON('serverLoaction/list.php',{category:'news'},function(data){
    //获得服务器响应
});
```

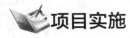 项目实施

任务 1 **在线测试系统：登录验证功能**

JavaScript 可用来在数据被送往服务器前对输入 HTML 表单中的数据进行验证，通常使用

RegExp 验证登录页面输入是否符合要求。

RegExp 实现在线测试系统登录验证页面效果如图 7-1 所示。

修改单元 5【例 5-4】登录布局中的 form 元素和 input 元素的相关属性：增加 name 属性，便于访问、获取用户的输入内容；用户名文本框（input 元素）增加 autofocus 属性，用来自动获取焦点，方便用户输入；增加 JavaScript 代码实现用户输入的严谨验证，并给予提示，以橙色的文字显示在页面中，直到格式完全正确。示例代码如下。

```html
<!doctype html>
<html>
    <head>
        <meta charset="UTF-8">
        <title>登录</title>
        <meta name="viewport" content="width=device-width,initial-scale=1,minimum-scale=1,
maximum-scale=1,user-scalable=no" />
        <link href="css/mui.min.css" rel="stylesheet" />
        <style type="text/css">
            #login {
                padding: 9px;
            }
            .mui-content-padded {
                margin-top: 25px;
                padding-bottom: 25px;
            }
            .link-area {
                display: block;
                margin-top: 25px;
                text-align: center;
            }
            .spliter {
                color: #bbb;
                padding: 0px 8px;
            }
            img {
                width: 100%;
            }
            .err {
                color: orangered;
                text-align: center;
            }
        </style>
    </head>
    <body>
```

```html
<header class="mui-bar mui-bar-nav">
    <h1 class="mui-title">在 线 测 试 系 统 登 录</h1>
</header>
<div class="mui-content">
    <img src="img/test.jpg" />
    <form class="mui-input-group" name="logform">
        <div class="mui-input-row">
            <label>用户名</label>
            <input type="text" name="user" class="mui-input-clear"
placeholder="请输入用户名" autofocus>
        </div>
        <div id="erru" class="err"> </div>
        <div class="mui-input-row">
            <label>密码</label>
            <input type="password" name="pass" class="mui-input-password"
placeholder="请输入密码" >
        </div>
        <div id="errp"class="err" > </div>
    </form>
    <div class="mui-content-padded">
        <button id='login' class="mui-btn mui-btn-block mui-btn-primary">登录
</button>
        <div class="link-area">
            <a id='reg'>注册账号</a> <span class="spliter">|</span>
            <a id='forgetPassword'>忘记密码</a>
        </div>
    </div>
</div>
<script src="js/mui.min.js"></script>
<script type="text/javascript">
    mui.init();
    var erru = document.getElementById("erru");
    var errp = document.getElementById("errp");
    function formCheck(o, rule, info) {
        if(rule.test(o.value)) {
            o.parentNode.nextElementSibling.innerHTML = '';
        } else {
        o.parentNode.nextElementSibling.innerHTML=o.previousElementSibling.
innerHTML +info;
        }
    }
    var uname = logform.user;
```

```
                    var pass = logform.pass;
                    uname.addEventListener('blur', function() {
                            formCheck(this, /^[0-9a-zA-Z]{3,14}$/, '用户名 3-15 数字或字母组成');
                    })
                    pass.addEventListener('blur', function() {
                            formCheck(this, /^\w{6,12}$/, '密码 6-12 位数字/字母/英文符号');
                    })
                    document.getElementById("login").addEventListener('tap', function() {
                            pass.focus();
                            if(erru.innerHTML == "" && errp.innerHTML == "") {
                            //后续 Ajax 部分在此处添加服务器验证，成功后打开首页
                            mui.openWindow({    //打开首页（技术文章列表页如图 6-1 所示）
                                    url:"index.html",
                                    id:"index",
                                    show:{
                                            duration:300
                                    }
                            })
                            }
                    })
            </script>
        </body>
</html>
```

代码中的 index.html 页面为项目 6-1 的技术文章列表页代码运行效果，如图 6-1 所示。单击图 7-2 所示页面底部的"我的测试"标签可进入单元测试列表页面。

任务 2　在线测试系统：测试列表页的实现

在单元 6 的 6.1.3 小节中底部 Tab 导航实现 WebView 模式切换页面的基础上修改"我的测试"页面（mytest.html 页面），将标题栏改为"我的测试"，内容改成单元测试列表，效果如图 7-2 所示。mytest.html 页面示例代码修改如下。

```
<!doctype html>
<html>
    <head>
        <meta charset="UTF-8">
        <title>我的测试</title>
        <meta name="viewport" content="width=device-width,initial-scale=1,minimum-scale=1,
maximum-scale=1,user-scalable=no" />
        <link href="css/mui.min.css" rel="stylesheet" />
        <link href="css/comment.css" rel="stylesheet" />
```

```
    </head>
    <body>
    <div class="mui-scroll-wrapper">
        <div class="mui-scroll">        <!-使得真机运行时，页面也能滚动显示-->
        <ul class="mui-table-view mui-grid-view">
            <li class="mui-table-view-cell mui-media mui-col-xs-6">
                <a href="#">
                    <img class="mui-media-object" src="img/ks.jpg">
                    <div class="mui-media-body">复习指南</div>
                </a>
            </li>
            <li class="mui-table-view-cell mui-media mui-col-xs-6">
                <a href="#">
                    <img class="mui-media-object" src="img/exam.jpg">
                    <div class="mui-media-body">测试纲要</div>
                </a>
            </li>
        </ul>
        <ul class="mui-table-view ">
        <li class="mui-table-view-cell" id="test1"><a class="mui-navigate-right">单元测试
1</a></li>
            <li class="mui-table-view-cell"><a class="mui-navigate-right">单元测试 2</a></li>
            <!--布局如上多个类似的 li -->
        </ul>
        </div>
    </div>
    <script src="js/mui.min.js"></script>
    <script type="text/javascript">
            mui.init();
            mui(".mui-scroll-wrapper").scroll({
                bounce: false,    //滚动条是否有弹力，默认是 true
                indicators: false  //是否显示滚动条，默认是 true
            });
            document.getElementById('test1').addEventListener('tap', function() {
                mui.openWindow({   //打开 test.html 测试页面
                    url:"test.html",
                    id:"test.html"
                })
            });
    </script>
    </body>
</html>
```

任务 3 在线测试系统：测试页面的实现

本任务采用 MUI 实现测试页面的整体布局，结合 JavaScript 方法，给测试列表中的元素设定事件处理器，引用函数，设计完成页面跳转的效果，如图 7-2、图 7-3 所示，相关提示信息给考生缓冲时间，单击"开始测试"按钮后再开始进行测试。根据测试数据动态创建 DOM 元素，显示带选框的试卷如图 7-4 所示，获取选项，并与数组中的正确答案比较，单击"提交试卷"按钮，确认提交后计算总分，显示总成绩，如图 7-5 和图 7-6 所示。

任务 3-1 测试页面基础布局

新建 test.html 页面，运行效果如图 7-3 所示，示例代码如下。

```html
<!doctype html>
<html>
    <head>
        <meta charset="utf-8">
        <meta name="viewport" content="width=device-width,initial-scale=1,minimum-scale=1,maximum-scale=1,user-scalable=no" />
        <title>单元测试</title>
        <link href="css/mui.min.css" rel="stylesheet" />
        <link href="css/comment.css" rel="stylesheet" />
    </head>
    <body>
        <header class="mui-bar mui-bar-nav">
            <a class="mui-action-back mui-icon mui-icon-left-nav mui-pull-left"></a>
            <h1 class="mui-title" id="tt1">单元测试 1</h1>
        </header>
        <div class="mui-content mui-scroll-wrapper">
            <div class="mui-scroll test">
                <!--使得真机运行时，页面也能滚动显示-->
                <h5 id="time"> </h5>
                <div id="tmshow">
                    喂～～～准备好了吗? 要测试了!! 加油哦!
                    <button id="start" type="button" class="mui-btn mui-btn-blue mui-btn-outlined">开 始 测 试</button>
                </div>
            </div>
        </div>
        <script src="js/mui.min.js"></script>
        <script type="text/javascript" charset="utf-8">
            mui.init();
```

```
                    mui(".mui-scroll-wrapper").scroll(); //实现滚动显示
            </script>
        </body>
</html>
```

comment.css 文件在项目 6-1 的基础上再增加如下的样式代码。

```
button{
    margin: 20px 120px;
}
#time {
    color: blue;
    font-weight: bolder;
}
```

任务 3-2　倒计时显示

倒计时显示效果如图 7-4 内容顶部所示，在 test.html 页面<script></script>标签对内增加示例代码如下。

```
document.getElementById('start').addEventListener('tap', function() {
            start();
});
var time = document.getElementById('time');
var tmshow = document.getElementById("tmshow");
function jsover() {
        var syfz = Math.floor((js - new Date().getTime()) / (1000 * 60));
//计算剩余分钟数
        var sym = Math.floor((js - new Date().getTime() - syfz * 1000 * 60) / (1000));
//计算剩余的秒数
        if(syfz < 0) {
            clearInterval(timeID);      //时间用完后，清除定时器，后面调用 Grade()方法提交试卷
            time.innerHTML = "";    //显示置空
        } else{
            time.innerHTML = "离考试结束还剩" + syfz + "分" + sym + "秒";
        }
}
var js;
function start() {
        var ks = new Date();
        var msks = ks.getTime();    //考试开始时的毫秒值
        js = msks + 60 * 2 * 1000;    //设定考试时间，比如 2 分钟
        timeID = setInterval("jsover()", 1000);
        tmshow.innerHTML = "";
}
```

微课 7-3:
带单选框的试卷
展示

任务 3-3 带单选框的试卷展示

试卷效果如图 7-4 所示，在 test.html 页面<script></script>标签对内增加测试题目数据，并修改 start()方法，示例代码如下。

```javascript
var questions = new Array();    //测试题目数据
var questionXz = new Array();
var answers = new Array();
questions[0] = "JavaScript 中是否区分大小写? ";
questionXz[0] = ["A.是", "B.否"];
answers[0] = 'A';
questions[1] = "以下变量名，哪个符合命名规则? ";
questionXz[1] = ["A. with", "B. _abc", "C. a&bc", "D. 1abc"];
answers[1] = 'B';
var len=questions.length;
function start() {              //start()方法内增加循环语句，访问测试数据，实现试卷展示
        var ks = new Date();
        msks = ks.getTime();
        js = msks + 60 * 2 * 1000;
        timeID = setInterval("jsover()", 1000);
        tmshow.innerHTML = "";
        for(var i = 0;i<len;i++){
                tmshow.innerHTML += i + 1 + "." + questions[i] + "<br/>";
                tmshow.innerHTML += '<div class="mui-input-row mui-radio mui-left"><label>
<input type="radio" value="A" name="x' + i + '"/>' + questionXz[i][0] + "</label></div>";
                tmshow.innerHTML += '<div class="mui-input-row mui-radio mui-left"><label>
<input type="radio" value="B" name="x' + i + '"/>' + questionXz[i][1] + "</label></div>";
                    if(questionXz[i][2] !== undefined) {  //判断有无第三个选项，有则显示后续的选项
                        tmshow.innerHTML += '<div class="mui-input-row mui-radio mui-left">
<label><input type="radio" value="C" name="x' + i + '"/>' + questionXz[i][2] + "</llabel></div>";
                        tmshow.innerHTML += '<div class="mui-input-row mui-radio mui-left">
<label><input type="radio" value="D" name="x' + i + '"/>' + questionXz[i][3] + "</label></div>";
                    }
                }
        tmshow.innerHTML += '<button onclick="Grade()" id="tj" class="mui-btn mui-btn-blue">
提 交 试 卷</button>';
    }
```

任务 3-4 试卷评分展示

获取选项，并与数组中的正确答案比较，单击"提交试卷"按钮计算总分，显示总成绩，然后"提交试卷"按钮变为不可用，防止重复提交。最后反馈测试结果，如图 7-6 所示。在 test.html 页面<script></script>标签对内增加获取标题栏代码，增加 getValue(btBroup)方法实现遍历每

组单选框，获取选中的选项对应的值，并增加 Grade()方法，实现总分计算，示例代码如下。

```javascript
var tt1 = document.getElementById("tt1"); //获取标题栏
function getValue(btBroup) {            //遍历每组，获取选中的选项对应的值
        var btBroup = document.getElementsByName(btBroup);
        for(var i = 0; i < btBroup.length; i++) {
                if(btBroup[i].checked) {
                        return btBroup[i].value;
                }
        }
}
function Grade() {          //计算总分
        clearInterval(timeID);  //清除定时器
        var correct = 0;
        for(var i = 0; i < len; i++) {
                if(getValue ("x" + i) == answers[i]) {
                        ++correct;
                }
        }
        var result = ((correct /len) * 100).toFixed();//计算总分，求整数
        time.innerHTML = "您做对了" + correct + '题目,' + result + "分";
        tt1.innerHTML += "——您的总分为" + result + "分";  //标题栏增加分值显示
        tt1.style.letterSpacing="2px";
        var tj = document.getElementById("tj");
        tj.disabled = true;     //提交后，"提交试卷"按钮为不可用，防止重复提交
}
```

任务 3-5　测试页面完整代码展示

提交试卷时增加询问用户操作，确定后再计算反馈结果，从而避免误操作。测试页面主体功能的示例代码如下。

```html
<!doctype html>
<html>
    <head>
        <meta charset="utf-8">
        <meta name="viewport" content="width=device-width,initial-scale=1,minimum-scale=1,
maximum-scale=1,user-scalable=no" />
        <title>单元测试</title>
        <link href="css/mui.min.css" rel="stylesheet" />
        <link href="css/comment.css" rel="stylesheet" />
        </head>
        <body>
        <header class="mui-bar mui-bar-nav">
```

```html
            <a class="mui-action-back mui-icon mui-icon-left-nav mui-pull-left"></a>
            <h1 class="mui-title" id="tt1">单元测试 1</h1>
    </header>
    <div class="mui-content mui-scroll-wrapper">
        <div class="mui-scroll test">
            <!--使得真机运行时，页面也能滚动显示-->
            <h5 id="time"> </h5>
            <div id="tmshow">
                    喂～～～准备好了吗？要测试了！！加油哦！
                    <button id="start" type="button" class="mui-btn mui-btn-blue
mui-btn-outlined">开 始 测 试</button>
            </div>
        </div>
    </div>
</div>
<script src="js/mui.min.js"></script>
<script type="text/javascript">
    mui.init();
    mui(".mui-scroll-wrapper").scroll(); //实现滚动显示
    var time = document.getElementById('time');
    var tt1 = document.getElementById("tt1");
    var tmshow = document.getElementById("tmshow");
    document.getElementById('start').addEventListener('tap', function() {
        start();
    });
    function jsover() {
        var syfz = Math.floor((js - new Date().getTime()) / (1000 * 60));
//计算剩余分钟数

        var sym = Math.floor((js - new Date().getTime() - syfz * 1000 * 60) / (1000));
//计算剩余的秒数

        if(syfz < 0) {
            Grade();    //时间用完后，自动提交试卷
        } else{
            time.innerHTML = "离考试结束还剩" + syfz + "分" + sym + "秒";
        }
    }
    var questions = new Array();
    var questionXz = new Array();
    var answers = new Array();
    questions[0] = "JavaScript 中是否区分大小写？";
    questionXz[0] = ["A.是", "B.否"];
    answers[0] = 'A';
    questions[1] = "以下变量名，哪个符合命名规则？";
    questionXz[1] = ["A. with", "B. _abc", "C. a&bc", "D. 1abc"];
```

```
                answers[1] = 'B';
                var len=questions.length;
                var js;
                function start() {
                    var ks = new Date();
                    var msks = ks.getTime();          //考试开始时的毫秒值
                    js = msks + 60 * 2 * 1000;        //设定考试时间
                    timeID = setInterval("jsover()", 1000);
                    tmshow.innerHTML = "";
                    for(var i = 0; i < len; i++) {
                        tmshow.innerHTML += i + 1 + "." + questions[i] + "<br/>";
                        tmshow.innerHTML+='<div class="mui-input-row mui-radio
mui-left"><label><input type="radio" value="A" name="x' + i + '"/>' + questionXz[i][0] + "</label></div>";
                        tmshow.innerHTML+='<div class="mui-input-row mui-radio
mui-left"><label><input type="radio" value="B" name="x' + i + '"/>' + questionXz[i][1] + "</label></div>";
                        if(questionXz[i][2] !== undefined) {
                            tmshow.innerHTML+='<div class="mui-input-row mui-radio
mui-left"><label><input type="radio" value="C" name="x' + i + '"/>' + questionXz[i][2] +
"</llabel></div>";
                            tmshow.innerHTML+='<div class="mui-input-row mui-radio
mui-left"><label><input type="radio" value="D" name="x' + i + '"/>' + questionXz[i][3] + "</label></div>";
                        }
                    }
                    tmshow.innerHTML+='<button onclick="qd()" id="tj" class="mui-btn
mui-btn-blue">提 交 试 卷</button>'; //拓展：先询问再提交，避免误操作
                }
                function getValue(btBroup) {
                    var btBroup = document.getElementsByName(btBroup);
                    for(var i = 0; i < btBroup.length; i++) {
                        if(btBroup[i].checked) {
                            return btBroup[i].value;
                        }
                    }
                }
                function Grade() {
                    time.innerHTML = "";
                    clearInterval(timeID);    //清除定时器
                    var correct = 0;
                    for(var i = 0; i < len; i++) {
                        if(getValue("x" + i) == answers[i]) {
                            ++correct;
                        }
                    }
```

```
            var result = ((correct /len) * 100).toFixed();//计算总分，求整数
            time.innerHTML = "您做对了" + correct + '题目,' + result + "分";
            tt1.innerHTML += "——总分为" + result + "分";
            tt1.style.letterSpacing="2px";
            var tj = document.getElementById("tj");
            tj.disabled = true;  //确认提交后，"提交试卷"按钮变为不可用，防止重复提交
        }
        function qd() {           //增加 qd()函数，实现删除前提醒，避免误操作
            mui.confirm('确定要提交吗? ', function(e) {
                if(e.index == 1) {
                        Grade();
                }
            });
        }
    </script>
    </body>
</html>
```

任务 3-6 拓展：JSON 试题数据实现测试功能及错题解析

测试数据换成 JSON 试题数据，实现相同功能：显示倒计时，根据测试数据动态创建 DOM 元素；显示带选框的试卷，获取选项，并与对应 JSON 试题数据中的正确答案比较，提交试卷，确认后计算总分，显示总成绩。当有错题时显示错题解析，运行效果如图 7-13 所示。拓展功能需修改 test.html 代码，修改后的示例代码如下。

```
<!doctype html>
<html>
    <head>
        <meta charset="utf-8">
        <meta name="viewport" content="width=device-width,initial-scale=1,minimum-scale=1,
maximum-scale=1,user-scalable=no" />
        <title>单元测试</title>
        <link href="css/mui.min.css" rel="stylesheet" />
        <link href="css/comment.css" rel="stylesheet" />
    </head>
    <body>
        <header class="mui-bar mui-bar-nav">
            <a class="mui-action-back mui-icon mui-icon-left-nav mui-pull-left"></a>
            <h1 class="mui-title" id="tt1">单元测试 1</h1>
        </header>
        <div class="mui-content mui-scroll-wrapper">
            <div class="mui-scroll test">
                <!--使得真机运行时，页面也能滚动显示-->
```

```
            <h5 id="time"> </h5>
            <div id="tmshow">
                    喂～～～准备好了吗？要测试了!! 加油哦!
                    <button id="start" type="button" class="mui-btn mui-btn-blue
mui-btn-outlined">开 始 测 试</button>
                    </div>
                    <div id="err"></div> <!--提交后展示错题解析-->
            </div>
        </div>
    </div>
    <script src="js/mui.min.js"></script>
    <script type="text/javascript">
        mui.init();
        mui(".mui-scroll-wrapper").scroll(); //实现滚动显示
        var time = document.getElementById('time');
        var tt1 = document.getElementById("tt1");
        var tmshow = document.getElementById("tmshow");
        var err=document.getElementById("err");
        document.getElementById('start').addEventListener('tap', function() {
            start();
        });
        function jsover() {
            var syfz = Math.floor((js - new Date().getTime()) / (1000 * 60));
//计算剩余分钟数
            var sym = Math.floor((js - new Date().getTime() - syfz * 1000 * 60) / (1000));
//计算剩余的秒数
            if(syfz < 0) {
                    Grade();    //时间用完后，自动提交试卷
            } else
                    time.innerHTML = "离考试结束还剩" + syfz + "分" + sym + "秒";
        }
        var tm = [{
                    "id": 1,
                    "question": " JavaScript 中是否区分大小写? ",
                    "answer": "A",
                    "item1": "是",
                    "item2": "否 ",
                    "expalins": "JavaScript 区分大小写。"
            },{
                    "id": 2,
                    "question": " 以下变量名，哪个符合命名规则? ",
                    "answer": "B",
                    "item1": "with",
```

```
                                    "item2": "_abc ",
                                    "item3": "a&bc",
                                    "item4": "1abc",
                                    "expalins": "JavaScript 变量不能是关键字，不能数字开头。"
        }]; //类似数据可以扩展更多
        var len=tm.length;
        var js;
        function start() {
                var ks = new Date();
                var msks = ks.getTime();
                js = msks + 60 * 2 * 1000;
                timeID = setInterval("jsover()", 1000);
                tmshow.innerHTML = "";
                for(var i = 0; i <len; i++) {
                        tmshow.innerHTML += i + 1 + "." + tm[i].question + "<br/>";
                        tmshow.innerHTML+='<div class="mui-input-row mui-radio
mui-left"><label><input type="radio" value="A" name="x' + i + '"/>' +tm[i].item1 + "</label></div>";
                        tmshow.innerHTML+='<div class="mui-input-row mui-radio
mui-left"><label><input type="radio" value="B" name="x' + i + '"/>' + tm[i].item2 + "</label></div>";
                        if(tm[i].item3 !== undefined) {
                                tmshow.innerHTML+='<div class="mui-input-row mui-radio
mui-left"><label><input type="radio" value="C" name="x' + i + '"/>' + tm[i].item3 + "</llabel></div>";
                                tmshow.innerHTML+='<div class="mui-input-row mui-radio
mui-left"><label><input type="radio" value="D" name="x' + i + '"/>' + tm[i].item4 + "</label></div>";
                        }
                }
    tmshow.innerHTML+='<button onclick="qd()" id="tj" class="mui-btn mui-btn-blue">提交试卷
</button>'; //拓展：先询问再提交，避免误操作
        }
        function getValue(btBroup) {
                var btBroup = document.getElementsByName(btBroup);
                for(var i = 0; i < btBroup.length; i++) {
                        if(btBroup[i].checked) {
                                return btBroup[i].value;
                        }
                }
        }
        function Grade() {           //计算总分
                clearInterval(timeID); //清除定时器
                var correct = 0;
                for(var i = 0; i < len; i++) {
                        if(getValue("x" + i) == tm[i].answer) {
```

```
                                    ++correct;
                    }else
                            err.innerHTML+= "<br>第" + (i + 1) + "题: " + tm[i].expalins;
            }
            var result = ((correct /len) * 100).toFixed();//计算总分，求整数
            time.innerHTML = "您做对了" + correct + '题目,' + result + "分";
            tt1.innerHTML += "-总分为" + result + "分";
            tt1.style.letterSpacing="2px";
            var tj = document.getElementById("tj");
            tj.disabled = true; //确认提交后，"提交试卷"按钮变为不可用，防止重复提交
        }
        function qd() {          //增加 qd()函数，实现删除前提醒，避免误操作
            mui.confirm('确定要提交吗? ', function(e) {
                if(e.index == 1) {
                        Grade();
                });
            }
    </script>
</body>
</html>
```

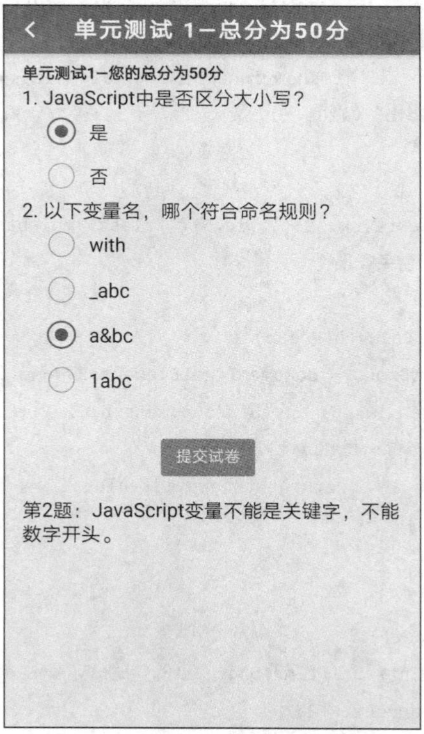

图 7-13　有错题时显示错题解析效果

在线测试系统：页面跳转并传值

本任务使用 mui.openWindow()方法实现单元测试列表页跳转并传值展示对应单元测试页面。单击单元测试列表页中的列表项，打开对应单元测试详情页面效果展示，测试完成确认提交后有图 7-6、图 7-14 和图 7-15 所示的类似效果。

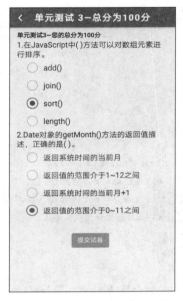

图 7-14　单元测试 2 详情页面效果　　　　图 7-15　单元测试 3 详情页面效果

任务 4-1　单元测试列表页的实现

要实现页面之间的跳转并传值，首先要为主页面链接添加单击事件，页面之间传值的关键是使用 extras 对象封装数据，将需要传递给新页面的数据以键值对的形式送达。

修改 mytest.html 页面的示例代码如下。

```html
<!doctype html>
<html>
    <head>
        <meta charset="UTF-8">
        <title>我的测试首页</title>
        <meta name="viewport" content="width=device-width,initial-scale=1,minimum-scale=1,
maximum-scale=1,user-scalable=no" />
        <link href="css/mui.min.css" rel="stylesheet" />
        <link href="css/comment.css" rel="stylesheet" />
    </head>
<body>
    <div class="mui-scroll-wrapper">
```

```html
    <div class="mui-scroll">        <!--使得真机运行时，页面也能滚动显示-->
    <ul class="mui-table-view mui-grid-view">
        <li class="mui-table-view-cell mui-media mui-col-xs-6">
            <a href="#">
                <img class="mui-media-object" src="img/ks.jpg">
                <div class="mui-media-body">复习指南</div>
            </a>
        </li>
        <li class="mui-table-view-cell mui-media mui-col-xs-6">
            <a href="#">
                <img class="mui-media-object" src="img/exam.jpg">
                <div class="mui-media-body">测试纲要</div>
            </a>
        </li>
    </ul>
  <ul class="mui-table-view list">
      <li class="mui-table-view-cell" ><a class="mui-navigate-right">单元测试 1</a></li>
      <li class="mui-table-view-cell"><a class="mui-navigate-right">单元测试 2</a></li>
      <!--布局如上多个类似的 li -->
  </ul>
 </div>
</div>
<script src="js/mui.min.js"></script>
<script type="text/javascript">
        mui.init();
        mui(".mui-scroll-wrapper").scroll({
            bounce: false,      //滚动条是否有弹力，默认是 true
            indicators: false   //是否显示滚动条，默认是 true
        });
        mui.plusReady(function() {
            mui('.list').on('tap', 'li', function() {
                var thisHtml = this.querySelector('a').innerHTML;
                mui.openWindow({
                    url: "detail.html",
                    id: "detail.html",
                    waiting: {
                        autoShow: false
                    },
                    extras: {
                        name: thisHtml
                    }
                });
            });
```

```
            });
        </script>
    </body>
</html>
```

任务 4-2　单元测试列表页跳转并传值实现对应单元测试页面展示

当列表页数据传给详情页以后，详情页只需要取得当前详情页的 WebView，并从当前 WebView 中获取传过来的数据。新建 detail.html 页面，示例代码如下。

```html
<!doctype html>
<html>
    <head>
        <meta charset="UTF-8">
        <title>单元测试</title>
        <meta name="viewport" content="width=device-width,initial-scale=1,minimum-scale=1,
maximum-scale=1,user-scalable=no" />
        <link href="css/mui.min.css" rel="stylesheet" />
        <link href="css/comment.css" rel="stylesheet" />
    </head>
    <body>
        <header class="mui-bar mui-bar-nav">
            <a class="mui-action-back mui-icon mui-icon-left-nav mui-pull-left"></a>
            <h1 class="mui-title" id="title">单元测试</h1>
        </header>
        <div class="mui-content mui-scroll-wrapper">
            <div class="mui-scroll test">
                <!–使得真机运行时，页面也能滚动显示-->
                <h5 id="time"> </h5>
                <div id="tmshow">
                    喂～～～准备好了吗？要测试了!! 加油哦!
                    <button id="start" type="button" class="mui-btn mui-btn-blue
mui-btn-outlined">开 始 测 试</button>
                </div>
                <div id="erro"> </div> <!--提交后可以展示错题解析-->
            </div>
        </div>
        <script src="js/mui.min.js"></script>
        <script type="text/javascript">
            mui.init()
            mui(".mui-scroll-wrapper").scroll({
                bounce: false,  //滚动条是否有弹力，默认是 true
                indicators: false //是否显示滚动条，默认是 true
            });
```

```javascript
document.getElementById('start').addEventListener('tap', function() {
    start();
});
var title = document.getElementById("title");
var un;
mui.plusReady(function() {
    var self = plus.webview.currentWebview();
    var name = self.name;
    un = name.substring(4).trim();
    title.innerHTML = name;
    plus.nativeUI.closeWaiting(); //关闭等待对话框
    mui.currentWebview.show(); //显示当前页面
});
var time = document.getElementById('time');
var tmshow = document.getElementById("tmshow");
function jsover() {
    var syfz = Math.floor((js - new Date().getTime()) / (1000 * 60));
//计算剩余分钟数

    var sym = Math.floor((js - new Date().getTime() - syfz * 1000 * 60) /
(1000)); //计算剩余的秒数

    if(syfz < 0) {
        Grade(); //时间用完后，自动调用 Grade()方法提交试卷
    } else{
        time.innerHTML = "单元测试" + un + ":还剩" + syfz + "分" +
sym + "秒";

    }
}
var tm = [{
    "id": 1,
    "u": 1,
    "question": " JavaScript 中是否区分大小写? ",
    "answer": "1",
    "item1": "是",
    "item2": "否 ",
    "expalins": "JavaScript 区分大小写。"
},{
    "id": 2,
    "u":1,
    "question": " 以下变量名，哪个符合命名规则? ",
    "answer": "2",
    "item1": "with",
    "item2": "_abc ",
    "item3": "a&bc",
```

```
                      "item4": "1abc",
                      "expalins": "JavaScript 变量不能是保留关键字，不能数字开头。"
        }, {
                      "id": 3,
                      "u":2,
                      "question": "关于函数，以下说法错误的是？",
                      "answer": "4",
                      "item1": "函数类似于方法，是执行特定任务的语句块",
                      "item2": "可以直接使用函数名称来调用函 ",
                      "item3": "函数可以提高代码的重用率",
                      "item4": "函数不能有返回值",
                      "expalins": "JavaScript 函数有返回值。"
        }, {
                      "id":4,
                      "u":2,
                      "question": "调用数组的 concat() 方法，会修改原数组的值。",
                      "answer": "2",
                      "item1": "对",
                      "item2": "错",
                      "expalins": " concat()方法并没有修改当前数组，而是返回了一个新数组。"
        }, {
                      "id":5,
                      "u":3,
                      "question": "在 JavaScript 中(   )方法可以对数组元素进行排序。",
                      "answer": "3",
                      "item1": "add()",
                      "item2": "join()",
                      "item3": "sort()",
                      "item4": "length()",
                      "expalins": "数组元素排序使用 sort()"
        }, {
                      "id":6,
                      "u":3,
                      "question": "Date 对象的 getMonth()方法的返回值描述，正确的是(   )。",
                      "answer": "4",
                      "item1": "返回系统时间的当前月",
                      "item2": "返回值的范围介于 1~12 之间",
                      "item3": "返回系统时间的当前月+1",
                      "item4": "返回值的范围介于 0~11 之间",
                      "expalins": "Date 对象的 getMonth()方法的返回值范围介于 0~11 之间"
        }];    //类似数据可以扩展更多
var showA;
var js;
```

```
function start() {
    var ks = new Date();
    var msks = ks.getTime();
    js = msks + 60 * 2 * 1000;
    timeID = setInterval("jsover()", 1000);
    tmshow.innerHTML = "";
    showA=[];
    var j=0;
    var len=tm.length;
    for(var i = 0; i < len; i++) {
        if(tm[i].u!=un)
            continue ;       //非本单元数据跳过
        showA[j]=tm[i].id;   //本单元的题目就存储题目 id 号到 showA 数组中
        tmshow.innerHTML += j + 1 + "." + tm[i].question + "<br/>";
        tmshow.innerHTML += '<div class="mui-input-row mui-radio
mui-left"><label><input type="radio" value="1" name="x' + j + '"/>' + tm[i].item1 + "</label></div>";
        tmshow.innerHTML += '<div class="mui-input-row mui-radio
mui-left"><label><input type="radio" value="2" name="x' + j + '"/>' + tm[i].item2 + "</label></div>";
        if(tm[i].item3 !== undefined) {
            tmshow.innerHTML += '<div class="mui-input-row
mui-radio mui-left"><label><input type="radio" value="3" name="x' + j + '"/>' + tm[i].item3 +
"</llabel></div>";
            tmshow.innerHTML += '<div class="mui-input-row
mui-radio mui-left"><label><input type="radio" value="4" name="x' + j + '"/>' + tm[i].item4 +
"</label></div>";
        }
        j++;
    }
    tmshow.innerHTML += '<button type="button" class="mui-btn
mui-btn-blue" onclick="qd()" id="tj" >提交试卷</button>';
}
function Getvalue(btBroup) { //遍历每组，获取选中的选项对应的值
    var btBroup = document.getElementsByName(btBroup);
    for(var i = 0; i < btBroup.length; i++) {
        if(btBroup[i].checked) {
            return btBroup[i].value;
        }
    }
}
function qd() {
    mui.confirm('确定真的要提交吗？', function(e) {
        if(e.index == 1) {
            Grade()
```

```
                            });
                        }
                        var err = [];
                        var erro = document.getElementById("erro");
                        var arrc = [];
                        function Grade() {        //计算总分
                            time.innerHTML = "单元测试" + un;
                            clearInterval(timeID); //清除定时器
                            var correct = 0;  //保存做正确的题目数
                            var wrong = 0;    //保存做错的题目数
                            var lenA=showA.length;
                            for(var n = 0; n < lenA; n++) {    //遍历存储题目原序号数组 showA
                                //显示出来的题目名称序号从 0 开始，如 tm0、tm1
                                var index=showA[n]-1;
                                if(Getvalue("x" + n) == tm[index].answer) {
                                    ++correct;
                                } else {   //做错的题目的解析保存在 err 数组里
                                    err[wrong++] = "<br>第" + (n + 1) + "题: " +
tm[index].expalins;

                                }
                        }
                        var result = ((correct/lenA) * 100).toFixed();//计算总分，求整数
                        time.innerHTML += "-您的总分为" + result + "分";
                        //提交后，"提交试卷" 按钮变为不可用，防止重复提交
                        document.getElementById("tj").disabled = true;
                        erro.innerHTML = err.join(""); //输出做错的题目的解析
                        title.innerHTML += "-总分为" + result + "分";
                        title.style.letterSpacing="2px";
                        }
            </script>
        </body>
</html>
```

任务 5 拓展：Ajax 应用：实现在线测试系统远程登录验证功能

远程登录验证失败提示界面效果如图 7-16 所示，如果验证成功，就跳转到图 6-1 所示的首页页面，示例代码如下。

```
<!doctype html>
<html>
    <head>
        <meta charset="UTF-8">
        <title></title>
```

```
        <meta name="viewport" content="width=device-width,initial-scale=1,minimum-scale=1,
maximum-scale=1,user-scalable=no" />
        <link href="css/mui.min.css" rel="stylesheet" />
        <style type="text/css">
          #login {
                padding: 9px;
          }
          .mui-content-padded {
                margin-top: 25px;
                padding-bottom: 25px;
          }
          .link-area {
                display: block;
                margin-top: 25px;
                text-align: center;
          }
          .spliter {
                color: #bbb;
                padding: 0px 8px;
          }
          img {
                width: 100%;
          }
          .err {
                color: orangered;
                text-align: center;
          }
        </style>
    </head>
    <body>
      <header class="mui-bar mui-bar-nav">
          <h1 class="mui-title">在 线 测 试 系 统 登 录</h1>
      </header>
      <div class="mui-content">
          <img src="img/test.jpg" />
          <form class="mui-input-group" name="logform">
              <div class="mui-input-row">
                  <label>用户名</label>
                  <input type="text" name="user" class="mui-input-clear" placeholder=
"请输入用户名" autofocus>
              </div>
              <div id="erru" class="err"> </div>
              <div class="mui-input-row">
```

```
                    <label>密码</label>
                    <input type="password" name="pass" class="mui-input-password"
placeholder="请输入密码" >
            </div>
            <div id="errp"class="err" > </div>
        </form>
        <div class="mui-content-padded">
            <button id='login' class="mui-btn mui-btn-block mui-btn-primary">登录</button>
            <div class="link-area">
                <a id='reg'>注册账号</a> <span class="spliter">|</span>
                <a id='forgetPassword'>忘记密码</a>
            </div>
        </div>
    </div>
</div>
<script src="js/mui.min.js"></script>
<script type="text/javascript">
    mui.init();
    var erru = document.getElementById("erru");
    var errp = document.getElementById("errp");
    function formCheck(o, rule, info) {
        if(rule.test(o.value)) {
            o.parentNode.nextElementSibling.innerHTML = '';
        } else {
o.parentNode.nextElementSibling.innerHTML=o.previousElementSibling.innerHTML + info;
        }
    }
    var uname = logform.user;
    var pass = logform.pass;
    uname.addEventListener('blur', function() {
        formCheck(this, /^[0-9a-zA-Z]{3,14}$/, '3-15 数字或字母组成');
    })
    pass.addEventListener('blur', function() {
        formCheck(this, /^\w{6,12}$/, '6-12 位数字/字母/英文符号');
    })
    document.getElementById("login").addEventListener('tap', function() {
        pass.focus();
        if(erru.innerHTML == '' && errp.innerHTML == '') {
            mui.post('serverLoaction/login.php', {
                username: uname.value,
                pass: pass.value
            }, function(data) {
                if(data == "true") {
                    mui.openWindow({
```

```
                                                      url: "index.html",
                                                      id: "index"
                                              })
                                              localStorage.username = uname;
//本地存储用户信息
                                      } else{
                                              errp.innerHTML  = '账号或密码有误,
请重新输入! ';
                                      }
                              });
                      }
              })
          </script>
      </body>
  </html>
```

图 7-16　远程登录验证提示效果

login.php 核心代码如下。

```php
<?php
  if ($_POST['username'] == 'ccc' && $_POST['pass'] == '123456')
      echo "true";
  else
      echo "false";
?>
```

单元小结

本单元重点介绍了 MUI 表单实现在线测试登录页面布局及测试功能页面布局，结合 JavaScript 实现登录验证功能及测试主功能。内容总结如下。

（1）MUI 布局和登录验证功能实现：MUI 表单结合 JavaScript 的 RegExp 实现输入验证。

（2）MUI 复选框、单选框的使用。

① MUI 复选框、单选框值的获取。

② 带 MUI 单选框的试卷展示。

③ 倒计时及评分功能。

④ JSON 数据的访问。

⑤ 错题解析展示。

（3）mui.openWindow()方法的使用可以实现测试列表页跳转并传值实现对应单元测试页面展示。

（4）MUI 常用的 Ajax 函数应用：mui.ajax()方法、mui.post()方法、mui.get()方法等。

课后训练

【实训内容】

1. 参考本单元任务 1 实现类似的设置新密码的页面布局及验证功能，布局如图 7−17 所示。

图 7−17　设置新密码布局效果

2. 参考本单元任务 1 实现类似的注册页面布局及验证功能，布局如图 7-18 所示。单击图 7-1 登录验证页面的"注册账号"按钮能够跳转到注册页面。

3. 参考猜数字游戏"历史战绩"页面制作，拓展实现单元测试完成后存储成绩到本地，并在消息页面展示（每个单元测试的最高成绩），消息页面效果如图 7-19 所示。

图 7-18　注册布局效果

图 7-19　消息页面效果